UM CAMINHO SOLO

SAMANTHA GILBERT

UM CAMINHO SOLO

EDITORA
Labrador

Copyright © 2018 de Samantha Gilbert.
Todos os direitos desta edição reservados à Editora Labrador.

Coordenação editorial
Diana Szylit

Projeto gráfico, diagramação e capa
Maurelio Barbosa

Preparação
Luiza Lotufo

Revisão
Andréia Andrade

Apoio cultural

Dados Internacionais de Catalogação na Publicação (CIP)
Angelica Ilacqua CRB-8/7057

Gilbert, Samantha
 Um caminho solo / Samantha Gilbert. -- São Paulo : Labrador, 2018.
 272 p.

 ISBN 978-85-87740-38-0

 1. Santiago de Compostela (Espanha) - Descrições e viagens 2. Gilbert, Samantha, 1971 - Viagens - Espanha - Santiago de Compostela 3. Peregrinos e peregrinações - Santiago de Compostela (Espanha) 4. Autoconhecimento I. Título.

 18-1930   CDD 914.611

Índice para catálogo sistemático:
1. Santiago de Compostela (Espanha) – Descrições e viagens

Editora Labrador
Diretor editorial: Daniel Pinsky
Rua Dr. José Elias, 520 – Alto da Lapa
05083-030 – São Paulo – SP
Telefone: +55 (11) 3641-7446
contato@editoralabrador.com.br
www.editoralabrador.com.br

A reprodução de qualquer parte desta obra é ilegal e configura uma apropriação indevida dos direitos intelectuais e patrimoniais da autora.
A editora não é responsável pelo conteúdo deste livro.
A autora conhece os fatos narrados, pelos quais é responsável, assim como se responsabiliza pelos juízos emitidos.

À minha mãe, Isabel, por incutir em mim,
desde pequena, o amor pelas palavras.

À Fabiana, por acreditar em mim mais do que eu mesma.

&

Ao André, por me ensinar o verdadeiro significado
da palavra amizade.

15/04/2009
Madri

Constato no espelho do decadente quarto de hotel uma enorme bola de pus amarela na minha amídala esquerda. Sinto-me péssima. Além do fardo da doença, carrego em minha mochila um peso excessivo: um quadro promissor para alguém que pretende percorrer 790 quilômetros a pé. Madri é uma cidade linda e fria, cheia de pessoas lindas e frias. A convivência nos centros urbanos parece corromper a última nesga de humanidade nas pessoas. Tiro a maquiagem dormida do rosto apático, e penso em como eu não quero estar em mais uma cidade grande, onde o individualismo e a indiferença parecem ser a norma. Segundo o sociólogo alemão Georg Simmel, o indivíduo de caráter *blasé* e atomizado só existe nas metrópoles. Os grandes centros urbanos, marcados pela hiperestimulação nervosa e sensorial, acabam por forjar o homem metropolitano: um indivíduo que, para evitar uma overdose de estímulos, assume uma conduta de indiferença necessária à sobrevivência. Eu, mais do que nunca, ressentia o embotamento dos sentidos e a dessensibilização dos moradores da selva de pedra e, portanto, havia decidido escapar para um ambiente avesso à empedernida mentalidade urbanoide. É muito provável que a percepção de hostilidade generalizada contra mim que encontrei na capital espanhola só exista na minha cabeça, mas, como no momento me sinto antagônica ao universo, acabo atraindo como um ímã pessoas predispostas a tornar traumática a experiência de uma estrangeira num país desconhecido. Penso na Lei da Atração — enquanto tento juntar coragem para engolir os litros de saliva que se encontram acumulados no assoalho da boca —, a célebre lei universal, cujo princípio afirma que atraímos aquilo em que pensamos, e decido que talvez fosse essa a explicação para o fato de eu ter cruzado o caminho de tanta gente amarga, ácida e azeda nas minhas primeiras vinte e quatro horas na Espanha. Não, o inferno não são os outros, o inferno decididamente é a estranha que me encara no espelho. Se eu brincasse de roleta russa e apertasse o gatilho da pistola, aqui e agora, mesmo que a arma tivesse mil cilindros para apenas um projétil, munida de negativismo como estou, quando girasse o tambor conseguiria com a única bala esfacelar o meu crânio, salpicando de sangue e massa encefálica o carpete bolorento sob meus pés. O hotel de elevada inexpressividade e baixo custo onde estou hospedada fica bem próximo à suntuosa estação de trem Atocha. Amanhã tomarei um trem para Pamplona, me aproximando cada vez mais daquilo que me trouxe à Espanha: o Caminho de Santiago de Compostela. Não estou pronta para dar o primeiro passo da minha longa jornada e talvez tenha que adiá-la por mais um dia até me sentir um pouco menos debilitada. Meus olhos ardem como brasas em suas órbitas afundadas, uma dor cortante me martela as têmporas e minha boca tem o gosto amargo da infecção e da autossabotagem. Tomo um Amoxil e tento limpar o pus da garganta com um cotonete. Eu pago um preço alto pela minha total incapacidade de pesar as consequências da minha irrefreável impulsividade.

14/04 (um dia antes)
Rio de Janeiro

É minha última noite no Rio de Janeiro. Havia decidido partir quatro meses antes e amanhã estarei na Espanha para iniciar a minha jornada em busca de mim mesma. A estagnação putrefata da minha existência havia me compelido a caminhar, se não por razões que me fossem inteiramente claras, então por uma necessidade avassaladora de criar movimento, provocar uma brisa ao menos que me permitisse voltar a respirar. Precisava me reinventar. Esse meu eu antigo e cansado de ser me era insuportável, a cidade que chamava de casa tornara-se odiosa e o teatro — depois de mais de uma década persistindo na carreira de atriz — amargara em mim o sabor da desilusão, algo que me obumbrava o ânimo cada dia um pouco mais.

 Estou num badalado restaurante no Leblon tomando um vinho estupidamente gelado, talvez um Chablis, e comendo ostras com minha única irmã. Uma leve e velada tristeza paira no ar, uma vez que ambas sabemos que minha ausência poderá ser longa. No entanto, evitamos tocar em assuntos tristes e assim, com o amparo da crescente euforia produzida pelo álcool, ocupamo-nos com histórias e fatos que acionam em nós a inebriante fisiologia do riso. Decidimos seguir para outro restaurante, pois temos desejo de comida tailandesa. Mais vinho branco entre garfadas asiáticas e conversa cúmplice entre duas pessoas íntimas. Depois de um longo e silencioso abraço, nos distanciamos uma da "ostra" com pernas cambaleantes, sem saber ao certo quando nos veríamos de novo. Tomo um táxi e apago no banco de trás em posição fetal. Sou despertada pelo motorista e, por alguns segundos, não sei onde estou e nem quem é esse sujeito gordo me acordando na calada da madrugada carioca. Quando me dou conta da situação, percebo que o motorista havia descido a Rua Paissandu inteira e parado a uns 300 metros do meu endereço. Quando digo isso a ele, o sujeito fica irritado e, sem saber ao certo como, iniciamos uma acalorada discussão. Ele diz que eu sou uma drogada, uma viciada, que não sabe nem onde mora. Isso é o estopim para acionar a minha latente agressividade etílica.

"Se eu sou uma drogada, viciada, então... então você..." Nada me ocorre naquele estado confusional. "Então você é um *taxista gordo*!", berro em minha fúria, com direito a chuva de perdigotos, me sentindo vitoriosa pelo que no momento considero ser um insulto genial desferido contra o pobre homem. Salto do táxi determinada a não pagar a corrida. O sujeito adiposo salta atrás de mim com predisposição homicida, barra de ferro em punho, gritando que eu teria que pagar por bem ou por mal. Por mais valente que o álcool me fizesse sentir naquele momento, percebo num lampejo de lucidez que não teria outro remédio a não ser pagar. Pago, mas sinto uma necessidade incontrolável de humilhá-lo. Eu jogo as notas no chão, pois assim ele teria que se abaixar para pegá-las, e vê-lo ajoelhado no asfalto com o rego cabeludo saltando para fora da calça me traz uma satisfação irracional e mesquinha. A que nível eu havia chegado?! O táxi havia parado num cruzamento onde em uma das esquinas havia um boteco. Sem me dar conta, eu oferecia um decadente espetáculo a uma plateia tão ou mais bêbada do que eu.

"Ih, a gringa não quer pagar o táxi", grita um cachaceiro local com a camisa do *Framengo*.

Os meus cabelos, outrora longos, estão curtíssimos e descolorados — parte da reinvenção de mim mesma — e são obviamente o motivo da presunção. Eu ignoro o comentário e volto a investir a minha ira contra o belicoso taxista que me xinga com paixão.

"Sua filha da puta!"

"*Fila da puta é voxê, xêu Fuee Willy!*" Bêbado tem sempre que ter a última palavra mesmo que esta seja ininteligível. Enquanto trocamos os derradeiros insultos, um homem que assistia à cena bagaceira que eu protagonizava agarra o meu braço pelo cotovelo e me tira do meio da rua, me leva para dentro de um prédio e diz que quer cheirar pó comigo, assim, sem rodeios.

Por que não fui embora? O taxista havia me deixado a 300 metros do meu endereço. Essa pequena distância que me separava da segurança de casa seria determinante para um desfecho totalmente impensado por mim, que só queria a minha cama. Prestes a embarcar em uma viagem espiritual, eu opto por seguir um caminho de trevas. Sinto um impulso repulsivo em seguir aquele homem, ir lá no fundo lamacento uma última vez, encerrando assim mais um ciclo, mais uma pequena morte em vida para depois, assim como a fênix — símbolo universal da morte e do renascimento — renascer das próprias cinzas. A vida havia literalmente me apresentado uma encruzilhada e, mais uma vez, eu seguia na direção contrária ao bom senso. Deste desconhecido com quem passei uma noite sem sono e sem prazer, não me recordo nem o nome nem o rosto, trago apenas uma lembrança amorfa de um homem careca com uma enorme cicatriz violeta no rosto, uma versão nada glamorosa do boneco Falcon. Dessa última noite, em que me despedia da pessoa infeliz e negativa em que havia me transformado, trago apenas a infecção purulenta agora alojada na minha garganta e alma.

16/04
Madri a Roncesvalles

O trem para Pamplona parte às 10:35 da manhã. O peso da minha mochila é excruciante, apesar dos meros 500 metros galgados entre o bolorento hotel e a estação ferroviária. Pelo menos a minha garganta havia acordado menos inflamada. O trem parte lentamente e, com crescente alívio, testemunho pela ampla janela do vagão o concreto gradativamente dar lugar aos campos.

A paisagem é árida, em tons pastel. É assim que me sinto: seca e sem cor. No entanto, me traz conforto saber que a paisagem logo irá mudar, pois já é primavera, e com ela também hei de iniciar um novo ciclo, assim espero, encerrando de modo igual o meu longo inverno existencial. Quando o trem finalmente para, eu salto e ando feito uma barata tonta, de um lado para outro, dificultando o percurso de hordas de pessoas apressadas que, seguras de seu destino, me encaram como se fosse melhor para todos se eu por livre e espontânea vontade me jogasse nos trilhos, desentulhando assim o acesso para o frenético escoamento humano. Ao sair da estação, vejo um ônibus de número 9. Lembro-me de ter lido algo sobre o ônibus número 9 e, depois da confirmação do motorista, subo com tanta dificuldade por causa das dimensões continentais da minha mochila, me contorço tanto para encontrar o bolso exato onde guardara meu dinheiro, manobro em tantas direções antes de conseguir me acomodar em um dos bancos, que um garotinho insolente me aplaude quando eu finalmente me sento. No banco da frente há uma peregrina. É impossível não a reconhecer como tal devido à sua indumentária e mochila. Ambas saltamos no centro de Pamplona, as duas evidentemente perdidas. Percebo uma identificação da TAM fidelidade presa à sua mochila. A primeira pessoa que eu encontro disposta a cruzar um país inteiro a pé era do mesmo país que eu. Antes que eu consiga dizer qualquer coisa, ela enuncia de forma calorosa:

"Brasileira também!"

"Como é que você adivinhou?", pergunto, intrigada com seus poderes místicos.

"Ué, por causa da caneca com a bandeira do Brasil que está presa à sua mochila!" Ela solta uma risada alta e estridente.

Com um ar abobalhado, eu dou uma risadinha forçada de esquilo, que só acentua ainda mais a minha parvoíce. Ela estende a mão e se apresenta como Maria do Socorro. A primeira pessoa que cruza o meu caminho no início da minha jornada espiritual não só era conterrânea, mas também se chamava *Mary Help*! Será que já eram os sinais do cosmos? Segundo a brasileira, ela tem uma reserva em um hotel ali mesmo no centro de Pamplona, e gentilmente me oferece para dividir o quarto com ela, já que só iria para Roncesvalles — povoado de onde daríamos início à nossa peregrinação — na manhã seguinte. Apesar de não ter tido tempo hábil para estudá-la melhor, observar tiques estranhos ou identificar nela algum comportamento indicativo de sociopatia, eu não titubeio em aceitar, pois entre a Maria do Socorro e o peso da minha mochila, este último me assustava bem mais. No hotel, *el hombre de la recepción* nos comunica que *la habitación* era individual e que não havia mais quartos duplos disponíveis. Assim, sem *compasión*, mostra-se irredutível quanto à minha permanência ali. Subo com *Help* até seu quarto para poder pelo menos transferir metade das coisas que trouxera para uma segunda mochila, que seria despachada pelo correio até Santiago e resgatada dentro de um mês aproximadamente. Enquanto separo e organizo os meus pertences, a espevitada Maria do Socorro abre uma cerveja e brindamos ao nosso Caminho. Entendi que dali por diante seria assim, haveria sempre uma enorme cumplicidade entre pessoas que tinham decidido, por um motivo ou outro, percorrer os 790 quilômetros da medieval rota Jacobina de peregrinação. Consigo despachar 8.150 kg pelo correio e pela primeira vez me parece ser possível atravessar a Espanha a pé carregando os oito quilos restantes. Despedimo-nos na porta do hotel com um caloroso abraço. O famoso *Buen Camino* foi proferido por mim pela primeira vez. Decido não pernoitar em Pamplona e partir de vez para Roncesvalles. Mas, antes, precisava comprar um saco de dormir e a minha câmera, uma Canon SX1.

Segundo os fóruns de fotografia, a função de vídeo em HD era o ponto alto desta câmera, com a qual faria um registro da minha jornada, em um projeto intitulado Um Caminho Solo. Estava bastante entusiasmada com a ideia que havia surgido algumas semanas antes de deixar o Brasil. No meu filme, eu seria a roteirista, diretora, produtora, e, como tinha incontestável poder decisório, havia escalado a mim mesma para o papel principal. Comprei o saco de dormir mais *ligero* (leve) que encontrei. Nem me dei ao trabalho de abri-lo antes, só me importava com o seu peso. O meu amor pela Canon foi imediato. Ela seria a minha mais fiel companheira, aquela que não permitiria que, com o passar do tempo, essa experiência se tornasse um meândrico embaralhado de lembranças turvas. Vou à estação de onde em breve sairá o último ônibus com destino a Roncesvalles. Logo identifico dezenas de peregrinos. Fico bastante surpresa em constatar que a grande maioria tem os cabelos descoloridos como eu, porém não por opção, e sim por anos vividos. O ônibus está lotado e o compartimento de bagagem é uma profusão de bastões e mochilas de todas as cores. Vejo a concha de Vieira, o símbolo do Caminho, por toda parte. Para meu assombro, todos, sem exceção, carregam mais peso do que eu. Ou eu era feita de cristal ou os europeus eram feitos de aço. Lá fora começa a cair um chuvisco fino e do rádio emana uma música espanhola um tanto quanto irritante. O termômetro do ônibus marca oito graus, isso porque é primavera. Chuva, frio e peso. O que é que nos move de fato? O trajeto até Roncesvalles é de tirar o fôlego. É possível ver a Cordilheira dos Pireneus ao fundo com os picos cobertos de neve. Fico pensando nas dezenas de peregrinos que, muito provavelmente, se levantaram naquele mesmo dia com o débil sol primaveril e cruzaram as montanhas, vindos da França. Sinto uma ponta de tristeza por não ter iniciado minha peregrinação na pequena cidade francesa de Saint-Jean-Pied-de-Port. Porém não me sentia preparada física ou emocionalmente para dar o primeiro passo do outro lado da imponente cadeia de montanhas que, atipicamente para a época do ano, ainda tinha muito do seu relevo sob o gelo.

Mantido pela Igreja Católica, o albergue municipal em Roncesvalles é uma belíssima construção de pedra, datada do século XII. Para nosso desânimo, descobrimos que, de fato, cem peregrinos já haviam cruzado os Pireneus mais cedo naquele dia, e, assim, só havia dezoito camas disponíveis para o nosso grupo de quarenta, que acabara de chegar. Com um pouco de sorte, consigo um dos leitos vagos e me dirijo ao alojamento. O salão medieval é gigantesco e há fileiras intermináveis de beliches, em sua maioria já ocupados. A explosão de cores das mochilas, fibras sintéticas, sacos de dormir e *gadgets* de andarilho *high-tech* contrastam com as paredes sombrias de pedra. Eu consigo encontrar uma cama disponível no beliche de cima, no final do amplo salão. Coloco meus pertences rapidamente no colchão, reivindicando-o. Todos os leitos estão colados uns nos outros, logo, fico um pouco apreensiva em descobrir quem será o meu "colega de beliche", pois a proximidade entre as camas é aquela normalmente reservada apenas aos amantes. Uma missa é celebrada para abençoar a todos nós peregrinos, que iremos enfrentar o desafio de percorrer o Caminho na manhã seguinte. Apesar de não ser religiosa, reconheço a belíssima atmosfera espiritual do momento e uma serenidade apaziguadora emana do ritual em si. Cabe a quatro padres a função de celebrar a missa, e um deles é um ancião tão frágil e encarquilhado, que suspeito estar abençoando peregrinos desde a Idade Média. Seus olhos parecem os de um Cocker Spaniel idoso, com as pálpebras inferiores caídas e lacrimejantes, revelando o aflitivo rosa dos olhos. Ele põe-se a cantar em latim e eu fico profundamente tocada. É chegada a hora de celebrar o corpo e o sangue de Cristo. O padre comunga e fico horrorizada quando ele mastiga a hóstia ao microfone emitindo sons como quem trucida um Doritos. Uma longa fila vai se formando até o púlpito e a igreja mergulha em um silêncio sepulcral. A escuridão agora é quase absoluta, quebrada apenas pelas velas e por um feixe de luz que entra por um dos vitrais, criando uma iluminação quase sacra sobre a imagem da Virgem Maria ao fundo. Fico hipnotizada e a respiração se torna difícil. Estou imóvel, espremida entre gente do mundo todo, enquanto os padres celebrantes entoam um cântico gregoriano, monofônico, monódico e, para mim, também catártico. Não contenho mais as lágrimas, que caem como goteiras, molhando o chão de pedra à minha frente. É um choro de lavagem de alma; é um choro de autocomiseração; é um choro de uma mulher de 38 anos desesperançosa por um futuro que parecia promissor, mas que nunca se concretizou. Todas as nacionalidades ali presentes são mencionadas. Que Deus abençoe o canadense, os três holandeses, os vinte e três alemães, os dezenove franceses, os três coreanos... E os dois peregrinos brasileiros que iniciarão o Caminho amanhã.

Saímos todos em direção a uma das pouquíssimas construções erguidas na minúscula e pitoresca Roncesvalles: um restaurante onde iremos encarar pela primeira vez o "Menu do Peregrino". Sento-me à mesa com doze outras pessoas, entre franceses, alemães, espanhóis, um holandês e o outro brasileiro, Thiago. Falamos em diversas línguas e a sensação é de que a comunicação é absoluta. Isso ou simplesmente sabíamos a hora certa de rir. Servem uma sopa de feijão tão rala que sinto aquela mesma decepção que sentimos quando se está ávido por uma Coca-Cola e por engano dá-se um gole em um copo de mate. Mas dane-se a sopa, estava bem mais interessada no vinho. Ao meu lado, Ys, (pronuncia-se *Ice*, como gelo em inglês) um holandês que de gelado não tinha nada, me diz animadamente que havia morado no Rio em 1974, cidade — como deixa escapar nas entrelinhas do seu discurso — onde havia desenvolvido uma abrasante queda por mulatas. Pedimos mais vinho, que nos é negado pela garçonete, visto que já havíamos consumido todo aquele incluso no Menu do Peregrino. *Gelo*, que evidentemente também tem uma cálida queda por suco de uva fermentado, desfere um soco na mesa bradando em seu espanhol-nórdico que *"sin vino no hay"*! Lembra-me um urso. Não sei exatamente o que *"no hay"* sem vinho, no entanto, como gosto do slogan, faço coro, vociferando: *"Sin vino no hay!"*. Estou mais para guaxinim do que para urso e a minha adesão à causa não é suficiente para nos servirem mais vinho. Sem se deixar abater, o resoluto urso Ys polar compra mais duas garrafas, que prontamente compartilha com todos à mesa.

"Ahora hay!", proferimos em uníssono, fazendo um brinde.

Ele me diz que não passará a noite no albergue municipal, pois, como todo bom beberrão, ronca. Dirigindo a pergunta a todos, quero saber se alguém mais ali ronca. Esta é a única pergunta da noite que parece ter sido feita em grego arcaico. Ninguém responde. Pelo visto, todo mundo tem o rabo preso. Fumo um último cigarro, enchendo os pulmões de fumaça marlboreana, enquanto contemplo as silhuetas das montanhas recortadas no lusco-fusco purpúreo. O frio é de rachar e divirto-me soprando anéis de fumaça imperfeitos contra o ar gélido. Faltavam três minutos para que as luzes se apagassem e, pelo visto, peregrino boêmio não escova os dentes, já que não tenho tempo nem de trocar de roupa, pois as luzes do gigantesco dormitório de pedra se apagam, enquanto um canto sacro se faz ouvir, baixinho, pelos alto-falantes. Ali na penumbra, levemente inebriada, eu tenho uma sensação indescritível de ânsia pelo desconhecido que me aguardava. No beliche colado ao meu está uma simpática senhora alemã que, descubro entre sussurros, se chama Gertrude. É o nome da minha avó paterna. Tenho dificuldade em enfiar-me dentro do saco de dormir que havia comprado em Pamplona na véspera. Percebo horrorizada, no agora breu cavernoso, que o saco de dormir mais *ligero* possível também tinha implicações em suas dimensões. Eu era a mais nova proprietária de um saco de dormir para anão. Só podia me deitar de lado, pois se deitasse de costas o "sarcófago" ficava apertado demais. Depois de uma luta cega contra o zíper e o nylon, percebo que consigo acomodar confortavelmente apenas uma das pernas dentro, e assim, finalmente adormeço no saco de saci. Desperto com os famigerados roncos. Confiro as horas no relógio de pulso digital: 02:18. Pensava que tivesse conhecido pessoas que roncassem ao longo da minha vida, mas percebo que aqui elas seriam classificadas como pessoas com LDRQH (Leve Distúrbio Respiratório Quando na Horizontal). Isso sim era ronco! Há uma irônica harmonia sonora entre os roncos. Enquanto um puxa o ar, outro sopra sibilando, outro ainda produz sopro britadeira, grunhido, ar interrompido, até formar uma cacofonia sinfônica. Tinha até alguém nas profundezas da escuridão que, à la Stravinsky, investia em uma aparente violação de toda a sintaxe musical, culminando numa onda tsunâmica o estrondoso ronco orquestral. As luzes são acesas às 5:19. Eu sou um trapo humano, e meus olhos, mapas fluviais de rios sangrentos.

17/04 (dia 1)
Roncesvalles a Zubiri - 21,5 km

Tomo uma xícara de café fumegante, enquanto alterno entre inspirar demoradamente o ar fresco da manhã e inalar lentamente a fumaça da nicotina, numa atitude francamente antinômica. Às 7:34 dou o meu primeiro passo em direção ao oeste. Passo por uma placa onde se lê: Santiago de Compostela 790 quilômetros. Decido que acabara de encontrar a locação perfeita para a abertura do meu filme. Começaria com um breve depoimento meu de apresentação, seguido pela incineração da caixa de Seroquel, um antidepressivo rotulado com a deprimente tarja preta, que eu havia trazido para este fim. Era um ato simbólico de cura. Talvez fizesse também o registro do que seria o primeiro passo dos 1.000.000 de passos que provavelmente daria no curso do próximo mês, embora algo nessa ideia, não exatamente Lynchiana, me soasse clichê. Monto o "set de filmagem", enquanto alguns peregrinos passam por mim sorrindo e acenando. Posiciono-me ao lado da placa, tentando parecer uma autêntica peregrina e, com dedos trêmulos de emoção, aperto o *play* no controle remoto. Inicio meu depoimento e minha voz começa a ficar embargada. Sinto um bolo na garganta comprimindo minhas pregas vocais até que não consigo mais falar. É, decididamente esse começo não ficou bom. Mexicano demais. Ao me aproximar da câmera para ajustá-la de novo, vejo uma pequena luz vermelha piscando. Horrorizada, leio o que a tela do dispositivo me informa de forma quase zombeteira: "*no memory card*". *Uáti?* Eu realmente devo estar com algum transtorno mental. Como posso ter deixado este reles detalhe me escapar?! Terrivelmente frustrada, eu desmonto o meu "set de filmagem" improvisado, me sentindo a pessoa mais idiota do mundo. Agora teria que carregar o equipamento como um adorno de pescoço até a próxima grande cidade, sem poder registrar nada. A roteirista, diretora, produtora e atriz do meu filme estão todas desempregadas mais uma vez!

Uma garoa fina vai tornando cintilante a bucólica paisagem por onde caminho e, em pouco tempo, o meu mau humor é apaziguado. Finalmente, sou forçada a colocar a capa de chuva por cima da mochila e depois de 37 tentativas malsucedidas — e ela ainda continuar visivelmente torta — chego à conclusão de que poucas operações na vida se provariam estrategicamente mais complexas. Sei que não devo pensar no peso que carrego que, embora menor, ainda judia do meu arcabouço musculoesquelético; ou permitir pensamentos do tipo: ainda faltam 789 quilômetros para chegar. Mas o fato é que percebia claramente que não estava preparada para levar a cabo o desafio ao qual me tinha proposto. A minha única preparação para a viagem tinha sido subir o morro do Corcovado a pé até o Cristo Redentor. Uma trilha íngreme de aproximadamente uma hora e meia e ascensão de 704 metros. Tomei uma cerveja lá em cima para celebrar o feito e, secretamente, julguei-me apta não só para realizar o Caminho de Santiago de Compostela, mas também para encarar provas mais exigentes como, por exemplo, escalar o Monte Everest.

Paro no primeiro café que cruzo. Há vários peregrinos lá dentro e nos entreolhamos com sorrisos silenciosos e cúmplices entre goles de líquido preto e quente. Não tenho fome e nada como. Sou a última a sair. Ainda não tinha avistado nenhuma seta amarela, aquelas que me guiariam durante todo o percurso. Inequivocamente perdida, eu sigo por uma estrada onde acabo encontrando Antonio, um simpático senhor italiano que é a personificação da ideia que sempre tivera do Gepeto, o avô do Pinóquio. Antonio *parla* ininterruptamente enquanto rastejo atrás dele e do seu mapa *high-tech* como uma criatura do pântano. Não ouço nada do que ele diz, apenas sinto a força gravitacional me pondo à prova a cada novo passo dado. Caminhamos por um bosque cheio de lama fresca, o que torna tudo mais difícil e atoladiço. Depois de cinco horas caminhando, as majestosas montanhas dos Pireneus começam finalmente a se distanciar de nós.

Sem nada no estômago além do café tomado algumas horas atrás, começo a me sentir fraca e levemente zonza. Antonio me repreende e diz que jamais chegarei a Santiago movida somente a cafeína e Marlboro. Oferece-me uma maçã e um pouco de água, pois nem isso eu tinha! Francamente, não sei o que havia pensado: que encontraria lojinhas de conveniência a cada cem metros que aceitassem Mastercard?! Agradeço a generosidade do homem e começo a polir a fruta com o punho do casaco, um pouco amuada com a reprimenda. O fato é que ele tinha razão em sua observação. Além de não ter nada para comer ou beber comigo, eu também seguia no sentido errado quando o conheci, portanto não tinha muita moral para tentar convencê-lo de que estava preparadíssima para enfrentar os 800 quilômetros do Caminho. Mas como diz o provérbio chinês: o burro nunca aprende, o inteligente aprende com sua própria experiência e o sábio aprende com a experiência dos outros, e eu, Sr. Gepeto, sou uma especialista na asserção do meio. Vou ficando para trás e, depois de algum tempo, caminho só, mais uma vez. Não tenho noção de quantos quilômetros já havia andado. Exausta, sento-me numa pedra e fico lá enroscada, um bom tempo, tentando entender o que exatamente estava buscando e o que queria provar como andarilha. Finalmente, um homem aparece e me deseja um *buen camino* tão esfuziante que sou motivada a sair da minha posição de lagarto e abandonar a pedra da reflexão. Alguns minutos depois, enquanto estou ajustando a mochila às costas, o mesmo homem reaparece e me dá um pequeno chocolate. Diz algumas palavras em alemão, num tom igualmente efusivo, e desaparece numa curva. O bombom com recheio de morango me devolve toda a energia perdida. É inacreditável o poder que aquele pouquinho de açúcar tem sobre mim; ou talvez tenha sido a combinação do poder da glicose com o poder da benevolência do gesto daquele homem. Acelero o ritmo da minha marcha e começo a cantar. Chego ao albergue de Zubiri depois de sete horas de caminhada, exaurida, com as bochechas coradas e um enorme sentimento de júbilo ao ser congratulada pelos outros peregrinos que, ou lavam as botas e meias, enrolam cigarros e escrevem em seus diários, ou, já limpos, apenas conversam entre si. Pego uma cama de cima em um dos poucos beliches livres e me arrasto até o banheiro carregando a minha toalha "de prato". Fico embaixo da água quente durante muito tempo, esfregando cada centímetro do meu corpo castigado. Quando volto ao dormitório encontro Gertrude na cama de baixo do beliche lendo um livro cujo título em alemão era uma única palavra com pelo menos sessenta e nove letras. Está se tornando rotina ser colega-de-beliche da senhorinha tedesca! Ela me apresenta aos meus primeiros tampões de ouvidos de cera, dizendo que são aliados imbatíveis contra os roncos noturnos e que, sem sombra de dúvida, eu dormiria como uma pedra naquela noite.

Só tinha comido uma maçã e o pequeno chocolate o dia inteiro. A fome me consome de forma violenta, parece roer as paredes do meu estômago, que, por sua vez, reage produzindo uma verdadeira sinfonia estomacal. Saio apressadamente do quarto antes que Gertrude também precise usar tampões de cera contra ronco de barriga. Antonio está à porta do albergue conversando com um pequeno grupo de pessoas. Ele me apresenta a Paolo, Giuseppe, Emilio e Michaela, todos italianos. Eles me convidam para comer com eles e juntos seguimos até a cozinha comunitária onde preparamos uma refeição farta, de massa, salada, pão e vinho. Sinto um amor quase imediato por aqueles estranhos que compartilham comigo a sua comida e alegria contagiante, sem pedir nada em troca. Durmo antes de apagarem as luzes. Sou nocauteada pela experiência do dia.

18/04 (dia 2)
Zubiri a Pamplona - 21 km

Acordo às sete. O dia está ensolarado apesar do rascante frio matinal. Tomo café com os italianos e juntos deixamos Zubiri um pouco antes das oito. Cada um tem um ritmo diferente de caminhar e, em pouco tempo, sigo sozinha no meu próprio passo. Sinto-me muito bem-disposta e a mochila até me parece um pouco mais leve do que na véspera, apesar da comida que carrego. Trago frutas, pão, queijo e 1,5 litros de água. Afinal, embora não seja sábia, também não sou burra e tinha aprendido às minhas próprias custas. Paro em Larrasoña para tomar um café enquanto dou uma olhada no mapa que tinha comprado em Zubiri antes de partir. O filho da dona do estabelecimento, um menino rechonchudo de cabelos espetados e que não deve ter mais do que dois anos, está sentado próximo a mim com um livro para colorir e meia dúzia de cotocos de lápis de cor. Ele tem grande êxito em pintar qualquer coisa, contanto que fora dos traçados, e no seu apurado senso estético só existe uma cor: o marrom. Gosto bastante do pequeno artista monocromático e decido praticar o meu espanhol com ele.

"*Muy bonito el Camino! Te gusta el café con leche? Tú pintas como el Picasso.*" A criança olha demoradamente para mim sem esboçar nenhuma reação. Eu e a parede atrás de mim temos o mesmo valor emocional para ele. Coloco o meu guardanapo diante dele. "*Sí, Picasso!*", eu insisto. Depois de um tempo, tão penosamente longo que chego a enrugar, o menino parece subitamente ter um *insight*. Ele rabisca furiosamente no guardanapo com sua cor preferida. Quando termina, há três desenhos praticamente idênticos ali e uma única e inconfundível forma: um cocô. Eu pago o café e levo comigo o seu trabalho monocromático e monotemático, intitulado: Um *fezes* Três.

O trecho seguinte é particularmente belo e corre junto a um serpenteante rio verde-esmeralda, portanto eu diminuo a marcha para poder desfrutar da aprazente caminhada. Pequenas borboletas coloridas voam sobre a minha cabeça, me acompanhando como se eu fosse uma personagem de conto de fadas vivendo dentro de um mundo mágico. É apenas o meu segundo dia caminhando e já sinto a depressão da qual vinha sofrendo nos últimos seis meses finalmente começar a afrouxar o laço ao redor do meu pescoço. Como é possível isso? O simples ato de andar havia mudado a química do meu cérebro e, com certeza, há neste momento mais neurotransmissores se comunicando com as minhas células do que sob o efeito de qualquer um dos antidepressivos e estabilizadores de humor que me haviam prescrito nos meses anteriores. Aqui não cabe nenhum rótulo de bipolar, diagnóstico que me fora dado cinco meses antes para explicar a minha depressão e ira contra o mundo. As credenciais do psiquiatra desbancadas por um pouco de relva e exercício físico! A vigorosa caminhada expulsa os pensamentos negativos e sentimentos de falha do meu cérebro. Aqui eu não tenho que compartimentar e catalogar as minhas inquietações e obsessões, basta colocar um pé na frente do outro, seguir o rio e respirar. Eu apenas sou e apenas me locomovo. O peso dos meus pensamentos vai diminuindo, assim como diminui a sensação de peso da minha mochila; a carga física e mental, ambas mais leves de se carregar.

Emilio, o italiano alto e quieto, que eu havia conhecido na véspera com Antonio, me alcança e, por algum tempo, seguimos juntos em ritmo vigoroso, conversando sobre tudo e nada na língua de Caravaggio. Naquele momento, a descarga de endorfina que inunda o meu cérebro, dando-me uma indescritível sensação de bem-estar, faz com que o impossível me pareça concretizável, até mesmo voar com as pequenas borboletas. Cruzo uma pequena ponte sobre o rio, onde um morador local enrola um cigarro de palha. Ele me deseja um caloroso *"Buen Camino!"*. Ao que respondo em um portunhol confiante: *"Es mucho, mucho bonito!"*. Abro os braços num gesto dramático e grito a plenos pulmões: "Uhuuuuu!". O psiquiatra que me tratou provavelmente olharia para essa atitude com parcialidade, acrescentando às suas anotações sobre o meu quadro clínico: paciente manifestando episódio de mania; aumentar a dose de Depakote para 500 mg. Já o espanhol solta uma estrondosa gargalhada diante da minha atitude. Mas certamente o homem não entende de distúrbios psíquicos e credita o meu comportamento à excentricidade dos peregrinos estrangeiros que por ali passam, absorvendo a energia da natureza e a magia do Caminho.

Decido parar para comer o pequeno lanche que trago. Sento-me à margem do rio, em um ponto onde o verde da relva é tão intenso que parece artificial. Aceno para alguns rostos, que a essa altura já me são familiares, e que também optaram pelo belo local para descansar um pouco e fazer uma boquinha. Ivone, uma dinamarquesa que anda excepcionalmente rápido, se junta a mim, dividindo comigo a sua comida e companhia. Eu a conhecera no primeiro dia de caminhada e havia gostado instantaneamente dela. Os cabelos naturalmente muito louros estão cortados na altura da nuca, e a franja reta e curta na altura das sobrancelhas confere-lhe certa jovialidade. Os óculos de grau, com armação delicada, mascaram um pouco a verdadeira cor dos olhos, que, percebo agora na luz do sol, são de um azul intenso. A mulher de fala mansa e gestos delicados me dá o meu primeiro *Compeed* — um adesivo para evitar bolhas — já que um dos meus pés apresenta uma área bastante sensível e rosada. As bolhas podem transformar o simples ato de andar num verdadeiro pesadelo e, não raro, peregrinos eram forçados a interromper a sua jornada por causa delas. Agradeço a Ivone e sigo sozinha por um pequeno vilarejo que fica apenas a alguns quilômetros de Pamplona, a mesma cidade onde três dias antes havia conhecido Socorro, e de onde tomara o ônibus para Roncesvalles. Um casamento acaba de ser celebrado na pequena igreja do assentamento e os noivos e seus convidados, todos muito bem vestidos e exalando perfume caro, saem à praça em clima festivo. Com as botas sujas de lama e emanando cheiro de cachorro molhado, eu observo a felicidade contagiante do pequeno grupo, enquanto chupo uma laranja. É incrível passar por entre os diversos vilarejos do Caminho e testemunhar os seus habitantes seguindo com suas vidas e assuntos cotidianos, aparentemente alheios às milhares de pessoas do mundo inteiro que por ali passam em peregrinação.

Finalmente chego à parte histórica de Pamplona, aonde vou seguindo por uma inacreditável e bem preservada muralha medieval. Mesmo fascinada com a cidade, tudo o que eu quero é chegar ao albergue municipal para poder tirar os calçados e a mochila das costas. Peço informação a uma senhorinha frágil de cabeça branca e fala doce. Ela me acompanha enquanto vai narrando fatos históricos do lugar de onde, segundo ela, nunca saiu. Pilar, esse é o seu nome, me convida para *un vaso de vino* e *una croqueta de bachamel*. Estou exausta, mas olho nos seus olhos bondosos e sinto a sua solidão. Ela tem um profundo orgulho do único mundo que conhece e quer dividi-lo comigo, uma estranha malcheirosa. Sigo Pilar pelas estreitas ruas medievais até chegar ao bar indicado, um ambiente enfumaçado e apinhado de gente alegre e ruidosa. Apresenta-me às pessoas do reduto como uma peregrina *brasileña* e, para minha surpresa, isso parece suscitar um enorme respeito em todos, que classificam a missão como uma verdadeira façanha. Ninguém ali fez o Caminho.

Claro, gostariam de descobrir por si mesmos aquilo que move os milhares de peregrinos que por ali passam rumo a Santiago. Mas o fato é que, ano após ano, as estações vão mudando e, por algum motivo, simplesmente não o fazem. Pilar me acompanha até a porta do albergue onde se despede de mim com um abraço. Diz que posso voltar depois que terminar a minha "missão" e que me mostrará, de bom grado, mais do fabuloso mundo de Pilar do lado de dentro da antiga muralha de pedra. Fico enternecida com o convite, mas sei que muito provavelmente jamais tornarei a vê-la.

O albergue é extremamente moderno e bem equipado pelos módicos cinco euros cobrados. Tomo uma ducha quente e lavo o "uniforme" de peregrina antes de sair para um passeio. Pamplona está fervilhando e todos parecem estar nas ruas bebendo e conversando animadamente. Estudantes embriagados flertam e cantam canções festivas e desafinadas; homens fumam charutos perfumados nas esquinas; pessoas de todo o tipo lotam as varandas dos cafés. Há aquele clima contagiante de excitação no ar, típico do início da primavera em países de estações bem definidas, cujas pessoas, depois de passarem os longos meses de inverno enfurnadas dentro de lugares fechados, sentem-se alegres pelo simples prazer de poderem estar ao ar livre. Sento-me à mesa de um simpático bar na Plaza del Castillo ao lado do Gran Hotel La Perla, conhecido refúgio de Ernest Hemingway quando vinha a Pamplona. Como não tenho cacife para acomodar-me numa mesa ali, contento-me em bebericar um rosé florado, com pedrinhas de gelo, nas imediações de onde o grande escritor rabiscou, talvez em um guardanapo similar, ideias para livros que um dia viriam a ser considerados obras-primas da literatura. Tomo duas taças de vinho por apenas quatro euros e penso em como sou, ou pelo menos estou, afortunada. Estou exatamente onde gostaria de estar no espaço e tempo. É difícil imaginar que, menos de uma semana atrás, estivesse num lugar tão sombrio e solitário dentro de mim mesma. Inerte e apática, enquanto as garras da depressão me laceravam o peito, enchendo a minha cavidade torácica de ar tóxico, uma asfixia lenta e agonizante. A dor emocional não difere muito da dor física: uma vez superada, é difícil reviver-se com precisão a natureza sensorial da dor em si. Sempre intuí que a força necessária para conseguir restaurar a minha fé na vida estivesse dentro de mim mesma, só não sabia como acessá-la. O Caminho, em pouquíssimo tempo de jornada, havia me permitido vislumbrar esse poder de cura inato dentro de mim, e a cada novo passo dado, sinto que meu peito vai sendo lentamente remendado.

Cruzo a belíssima praça, enquanto o sol vai se pondo por detrás dos telhados vermelhos inclinados de Pamplona. Esbarro com Emilio numa das ruas adjacentes e juntos vamos comprar *tapas* e vinho para levar para o jantar que Antonio está preparando no albergue. O intenso aroma de comida caseira que balsamiza o ar da cozinha comunitária é absolutamente divino. Um grupo grande e animado de pessoas ajuda o chefe Gepeto nos preparativos gastronômicos. Estes momentos de coletividade com os peregrinos depois do longo dia de caminhada são realmente memoráveis. Abro as duas garrafas de vinho que comprara e, depois de servir a todos, erguemos nossos copos num velho ritual de convivência humana e brindamos ao Caminho. Como sou frequentemente vista com os cinco italianos, as pessoas deduzem que eu também o seja. Quando digo que sou brasileira, elas ficam surpresas, e eu mais ainda ao perceber como esta constatação faz com que, principalmente *los muchachos*, sejam mais amáveis comigo. Tento não atribuir isso à imagem sexualizada que a mulher brasileira tem no exterior, mas não tenho muito sucesso. O vinho, somado à descontração daquele momento, me impele a entreter e, em pouco tempo, o som de risos se mistura ao aroma de molho *pomodoro*, enquanto narro histórias bem-humoradas da minha vida em fragmentos de inglês, italiano, *portunhol* e, na terceira taça de vinho do indelével jantar, num dialeto próprio. Os peregrinos me veem sempre com a câmera a tiracolo e querem que eu tire uma foto para registrar aquele momento. Isso não seria possível, explico, pois por uma distração havia me esquecido de comprar um cartão de memória. Sim, o equipamento que me viam carregando nos últimos quase cinquenta quilômetros só servia para adornar o meu pescoço. A ideia da Canon-colar faz com que o grupo exploda numa risada histérica. Eu rio também, mas só um pouquinho; não é tão engraçado assim, ou é? Alguns começam a pendurar garfos e garrafas no pescoço e agora quem está gargalhando sou eu. Ok, é definitivamente hilário! Tento me defender dizendo que as pequenas vilas não dispunham de muita coisa além do básico para vender e que aqui em Pamplona, apesar de ser uma cidade maior, não havia conseguido comprar um cartão para a câmera porque o comércio não abria aos domingos. A essa altura, um homem simula prender uma cadeira numa das alças da mochila. Eu levo na esportiva, mas não tenho coragem de revelar o grande filme que pretendia fazer sobre a minha peregrinação. Iriam tentar pendurar até vacas no pescoço todas as vezes que esbarrassem comigo no caminho, relembrando-me, até a tumba de Santiago, do meu fiasco. Angustiava-me ver as paisagens se desenrolando à minha frente e as pessoas desaparecendo para trás, e eu sem conseguir registrar nada. O meu projeto "Um Caminho Solo" não tinha sido iniciado pela ausência de um cartão de memória, que não tinha sido comprado pela ausência de um chip cerebral meu. Um homem de pijamas listrados que estava passando pela cozinha — talvez o único a usar pijamas no Caminho — e que aparentemente tinha ouvido o fim do meu relato anda até mim e me presenteia com um cartão de memória que tira do bolso. Paco, esse era o seu nome, tinha conseguido matar dois coelhos de uma cajadada só: não só poderia retomar o meu autodocumentário, como também havia finalmente sido convencida da utilidade do bolso de pijama.

19/04 (dia 3)
Pamplona a Puente La Reina – 23,5 km

Acordo mal porque dormi mal. Um dos tampões de cera ainda está alojado dentro do meu ouvido. Não consigo tirá-lo, uma vez que está introduzido tão fundo no canal auditivo que temo ser necessário um fórceps e a ajuda de um otoscópio para conseguir removê-lo. Não sei o que fazer e comento o ocorrido — quase gritando por causa da surdez temporária — com a moça no beliche ao lado. Ela me diz que é enfermeira e que pode ajudar. Ah, que conveniente! No Caminho, pessoas aparecem em bosques com chocolate quando se está com hipoglicemia prestes a desmaiar; aparecem sonâmbulos com cartão de memória no bolso do pijama; e agora, uma enfermeira na cama ao lado para remover um corpo estranho perdido dentro da minha cabeça. Anne Mette é uma dinamarquesa com aproximadamente trinta anos de idade, cabelos castanhos escuros sutilmente ondulados e olhos que tinham uma cor indefinida, não eram verdes, nem castanhos ou mel, e pareciam adquirir a tonalidade oportuna dependendo da luz. Com uma pequena porém potente lanterna, ela ilumina o meu ouvido externo, e me informa que consegue ver a cera rosa confortavelmente amoldada no meu conduto auditivo. Sinto o metal gelado do instrumento raspando contra o tecido mole e quente, enquanto ele desliza lentamente para dentro. Ela me diz que consegue pinçar o tampão e ao puxá-lo para fora, com a mesma delicadeza, não só sinto a cera sendo içada mas também escuto um estranho e rascante som que acompanha a sua remoção. Anne Mette quer saber por que o tampão fora introduzido tão profundamente no meu ouvido e, num sussurro, digo que era para tentar escapar ao retumbante ronco do sorridente e visivelmente bem descansado senhor, sentado no beliche abaixo, totalmente alheio à sua participação no massacre do meu sono.

Sinto-me sonolenta e não tenho a menor vontade de andar. É duro ser obrigada a levantar da cama tão cedo e sair para uma caminhada de sete horas depois de uma noite maldormida. Quando finalmente consigo me organizar para dar início ao dia, não há mais ninguém no albergue. Vou cruzando as ruelas vazias e silenciosas da cidade ainda adormecida, embora já sejam mais de oito horas da manhã. A molenguice absurda que tenho no corpo faz com que eu me mova como uma boneca de pano sendo manipulada por mãos inexperientes. Não bastasse isso, sinto uma terrível dor abdominal, graças ao meu intestino xenofóbico, que se recusa a tomar parte nas atividades diárias toda vez que chega a um país estrangeiro. Caminho até os limites do perímetro urbano, onde decido parar num café antes de começar a subir o célebre Alto do Perdão, situado a 770 metros de altitude. Tomo um café com leite e como um croissant, sem pressa, enquanto dou uma olhada num jornal espanhol sensacionalista. Antes de seguir, consigo finalmente ir ao banheiro, e o meu humor muda quase que instantaneamente. É sabido que existe uma relação direta entre as emoções e a motilidade intestinal: se as funções intestinais não vão bem, você logo sente o impacto no bem-estar físico, mental e emocional. E se noventa por cento da serotonina, o neurotransmissor do humor, é produzido pelo intestino, o "segundo cérebro" escondido em nossas entranhas, não é de admirar que eu me sinta mais bem-humorada quando ele volta à ativa, finalmente pondo fim a cinco dias de obstipação intestinal. Retomo a caminhada sentindo-me uns quatro quilos mais leve, o corpo, de repente, incrivelmente ágil, e a disposição revigorada. Começo a subir a montanha com um ritmo constante, parando de vez em quando, apenas para me hidratar e apreciar a vista. Depois de uma longa e íngreme subida, encontro Emilio e Antonio sentados no topo, reverenciando a extasiante vista panorâmica. Em silêncio, compartilhamos frutas e nozes e eu bebo mais água, praticamente esvaziando minha garrafa. O vento se infiltra matreiramente pelas frestas das minhas roupas, secando lentamente cada gota de suor que me embebia as costas, axilas, barriga e seios. Do topo, é possível mensurar o sacrifício da escalada e a extensão da distância percorrida. As montanhas dos Pireneus logo seriam finalmente obliteradas do meu campo de visão e, pela primeira vez desde que começara a caminhar, seguiria sem a referência dos montes da mirífica cordilheira que, durante mais de cinquenta quilômetros, haviam me permitido dimensionar visualmente o quanto eu já tinha palmilhado. Ao longe, à esquerda de onde estamos sentados, há dezenas de torres eólicas perfiladas na crista da montanha. Decido que o cenário de cata-ventos gigantes, de aspecto futurístico, ficaria formidável no plano de fundo do novo início do meu filme. Assim, digo aos dois italianos para seguirem sem mim e fico para trás para retomar as gravações de Um Caminho Solo, lamentavelmente adiadas por problemas técnicos impedientes. Alguns metros adiante, eu me deparo com um monumento feito em chapa de ferro, composto por catorze silhuetas em tamanho natural, representando uma caravana de peregrinos de diferentes épocas, a pé, a cavalo e de burro.

Decididamente, este emblemático marco do Caminho seria a locação perfeita para gravar a minha tomada de abertura. Monto o "set de filmagem", certificando-me de que, não só o conjunto escultórico estava enquadrado, mas também as torres eólicas ao fundo. Corro os dedos pelos cabelos, que estão fora de controle, e com um novo entusiasmo aperto o botão do *play* no controle remoto, acionando mais uma vez a câmera montada no tripé. Uma breve apresentação minha é seguida por uma panorâmica de 360 graus, revelando a paisagem e a minha localização presente, também mostrada num mapa simplificado do Caminho. A seguir, faço confidências para a lente enquanto como uma banana; tiro sarro de mim mesma — afinal nada como um recurso humorístico autodepreciativo para criar empatia com o espectador —; e finalmente queimo a caixa tarja preta, em um ritual solene, claramente demonstrando grande versatilidade como artista. Cheia de expectativa, confiro a gravação e, para o meu total desânimo, descubro que o som do vento captado pela câmera é tão ruidoso que faz parecer que eu estou no olho de um furacão. Não dá para entender uma palavra sequer do que digo e isso faz com que eu pareça levemente desequilibrada, queimando coisas e comendo uma banana num tufão. Olho para as torres de energia eólica e constato o óbvio: foram erguidas ali justamente pela velocidade e intensidade com que os ventos atingem o topo da montanha. Não bastasse essa constatação, também identifico no monumento ao peregrino uma inscrição que diz: "Onde o Caminho dos ventos cruza o Caminho das estrelas", assinalando ainda mais o que já estava manifestamente cristalino. Talvez um cursinho básico em cinema ajudasse a alavancar a minha carreira de cineasta. Como a fotografia sempre fora um hobby para mim, decido fotografar para me distrair até encontrar uma nova locação, sem vento, para gravar. Determinada a não me deixar abater depois de mais uma tentativa frustrada, eu sigo clicando tudo o que vejo: o verde do capim, o amarelo do feno, o vermelho da terra batida; fotografo o céu índigo com nuvens algodão-doce, pedras solitárias, botões de flores silvestres e botas abandonadas no trajeto e que nunca chegariam a Compostela. O prazer estético advindo do processo criativo volta a pulsar em mim e isso, por si só, me traz grande felicidade. Transcorridas algumas horas, tenho uma incontrolável necessidade de urinar, devido à quantidade de água que tinha tomado durante a caminhada. Esta simples ação cotidiana representa mais uma das "complexas" operações do Caminho. Tirar toda a parafernália presa ao corpo é sempre a última opção para mim, então salto por cima de uma muralha de flores silvestres, onde, devidamente protegida da visão alheia, me agacho com os meus quase dez quilos nas costas, equilibrando o *inequilibrável*. Com extrema eficiência, eu salto de volta, congratulando-me mentalmente pela minha agilidade. Olho para os meus tênis e percebo que estão encharcados do meu próprio jorro: eu tinha conseguido a proeza de urinar nos meus próprios pés. Congratulo-me mais uma vez, dessa vez pela jumentada. Só espero que o vinho espanhol não tenha tornado a minha urina muito ácida, favorecendo assim a formação de bolhas nos meus pés. Mais alguns quilômetros adiante, decido parar para dar um pouco de descanso a eles, ainda úmidos pela minha secreção orgânica, e tomar um café. Encontro Ys no estabelecimento, o holandês boêmio que não via desde o nosso primeiro jantar em Roncesvalles. Ele está visivelmente contente em me ver e, uma vez paga a conta, seguimos juntos caminhando. O ex-diretor da Cadbury, como fico sabendo, tem 71 anos e está fazendo o Caminho pela segunda vez. O seu inglês é fluente e penso em como é aliviante poder finalmente ter uma conversa em uma língua que não faça com que a minha construção linguística pareça a de uma criança de dois anos. Ele é extremamente eloquente e palavroso, e conversamos sobre tudo, política, arte, gastronomia, pena de morte, queda de cabelo, inclusive sobre a resposta à pergunta sempre feita entre todos os peregrinos: por que você está fazendo o Caminho? Não o fazemos por fé, nem por Deus, nem por algo que esteja fora de nós mesmos, nisso concordamos. Ele me diz que conheceu muitos jovens na sua primeira jornada e que estes, na maioria dos casos, o faziam por se encontrarem perdidos, sem saber que rumo tomar na vida. Eu saberia o que fazer com a minha quando chegasse a Santiago, me assegura gentilmente. Para ele, eu era uma jovem, embora já estivesse com trinta e oito anos. Ah, a beleza da relatividade! Do ponto de vista do adolescente, um ser humano com quase quarenta anos devia certamente sofrer de ventosidade anal descontrolada e tomar remédio para artrite; no entanto, para o idoso, alguém abaixo de quarenta devia, no mínimo, trepar duas vezes por dia e amarrar o cadarço do sapato com a boca. Sinto amor pelo homem, praticamente um estranho para mim. O que será toda essa amorosidade transbordando em mim? Será que era o meu Buda interior dando um alô? Paramos num bar, onde ele me paga uma cerveja e me dá um de seus sanduíches de presunto de Parma com *manchego*, um delicioso queijo espanhol feito com o leite proveniente de ovelhas da raça Manchega. Levamos o nosso lanche para o lado de fora e sentamo-nos preguiçosamente numa pedra aquecida pelo sol. Decido que, se tivesse que voltar à Terra numa forma não-humana, gostaria de voltar na forma de um calango e passar a vida inteira lagarteando em cima de uma rocha morna. Depois de um arroto implodido, Ys diz que devemos prosseguir. Isso é um terrível golpe para mim, pois havia presumido que já tivéssemos chegado ao nosso destino em Puente la Reina. Caminho com os mesmos passos que ele, passos largos de pernas longas e masculinas, embora eu tenha certa dificuldade em acompanhá-lo com as minhas pernas de basset. Marchamos mais sete quilômetros e então, desalentada, começo a sentir as tão temidas dores na reta final, um pouco antes de finalmente chegarmos exaustos num belíssimo e aconchegante albergue privado. Há um jardim na frente da construção e vários peregrinos, já devidamente acomodados e de banho tomado, curtem o tempo aprazível que rola no ar ainda morno do entardecer. Quando tiro a minha mochila e as botas tenho a sensação de que jamais conseguirei me mover novamente.

O banho é uma experiência à parte. Dentro do box há uma ducha circular com vários arcos por onde a água sai, banhando a pessoa por inteiro, e no centro há um convidativo banquinho embutido no piso. Sento-me e abro a torneira quente, fazendo com que os jatos reguláveis esguichem água por todo o meu corpo. A água turva dos meus pés massacrados espirala lentamente pelo ralo, produzindo em mim um torpor hipnótico. Não sei quanto tempo fico ali, anestesiada, enquanto a água quente acalenta cada vez mais a minha lombar judiada. Um rádio acoplado ao chuveiro toca o Messias de Handel, e quando o coro canta a célebre Aleluia, eu sou arrebatada para um mundo etéreo. O designer desse troço devia ganhar um prêmio Nobel pela sua clara contribuição para o bem da Humanidade e a pessoa que o instalou na primeira parada com que um peregrino se depara — depois de andar por oito horas e subir e descer uma enorme montanha — é no mínimo digna de canonização! Ao sair do banho tenho dificuldade para andar, sinto dores pelo corpo inteiro, parece que fui atropelada por um rolo compressor. Tomo um analgésico e um anti-inflamatório, o primeiro de muitos, e tento não pensar no pior. Encontro Ys no restaurante do albergue, onde pedimos o Menu do Peregrino. Sentamo-nos à mesa com John e Mari, um casal da Noruega, Helda e sua sobrinha de apenas 15 anos, também da

Noruega e, sentada à cabeceira da mesa, Warko, uma senhora da Finlândia, que divide o beliche comigo e que deve estar carregando o marido morto na mochila, de tão grande e pesada que é! Finalmente algo verde no prato, na verdade uma alusão a uma salada, salmão e vinho, do qual Ys e eu nos servimos sem cerimônia, pois ambos sabemos que: *sin vino no hay*! Tim-tim! Claudico até o meu leito e durmo fora do meu saco de anão.

20/04 (dia 4)
Puente La Reina a Estella - 22 km

Abro os olhos na penumbra e sinto o meu corpo ainda bastante dolorido. Permaneço um bom tempo imóvel, embora saiba que terei que me mover em breve, pois logo iriam expulsar os retardatários a fim de limpar e preparar o albergue para a nova leva de peregrinos. Tenho dificuldade em me organizar e lentamente vou repetindo, mais uma vez, o ritual de partida. A pressa frenética do meu eu urbano esvaece um pouco mais a cada novo amanhecer no Caminho. Eu não tenho mais tanta pressa, eu não tenho que chegar a lugar algum, em hora nenhuma. Eu sou o meu próprio tempo. Saio só e cruzo a belíssima e sonolenta vila medieval de Puente La Reina. Sei pelos primeiros passos dados que terei um dia árduo à frente. A mochila volta a pesar, eu volto a pesar. Como é de praxe, começo a subir tão logo acaba, de forma quase arbitrária, mais uma cidade no percurso. Logo encontro um grupo de três franceses: duas mulheres e um homem, que já tinha visto antes no caminho. Secretamente havia apelidado uma delas de Binoche, pois me lembrava, e muito, a atriz francesa Juliette Binoche. A pequena comitiva, além dela, é composta por sua irmã, bem mais velha e extremamente lenta, e pelo sobrinho, uma figura sepulcral e calada. O martírio de caminhar da irmã de Binoche é tamanho, que só mesmo uma crença profunda no divino poderia fazer com que essa mulher pesadona, de rosto permanentemente contorcido pela dor da provação, se aventurasse por uma estrada tão tortuosa. A fé realmente pode mover montanhas! Binoche arranha um pouco de inglês e tenho a impressão, por breves frases soltas, que para ela é penoso ter que acompanhar os passos de cágado da irmã. Cada um com seu fardo. Ys e eu já havíamos comentado sobre o grupo de Binoche e ele também acreditava que devia ser promessa feita o motivo pelo qual aquela senhora caminhava. Para muitos ali de fé cristã, o sacrifício físico para liberação do espírito; para muitos outros, o sacrifício físico para a liberação da mente. Segundo Ys, que já tinha escutado a senhora se lamuriando com a irmã, o seu maior problema — esse que fazia com que ela sofresse mais do que os outros — era agravado pelo fato de que estava sempre pensando em quanto ainda faltava para chegar, ao invés de pensar em quanto já tinha deixado para trás. Para o holandês, esse tipo de pensamento era uma terrível cilada mental, que só fazia aguçar nela a percepção da dificuldade que enfrentava, e com isso a caminhada em si acabava se tornando uma experiência puramente negativa. Reflito sobre essa observação e decido pô-la em prática para tentar mentalmente aplacar a dor física que estava tornando a minha caminhada de hoje extremamente espinhosa. Viro-me a cada 500 metros para conferir a minha distanciação de determinada árvore, rocha e monte. E assim, totalmente imbuída da premissa de Ys, vou percorrendo os quilômetros sequentes. Finalmente, vejo a montanha que havia cruzado na véspera, muito ao longe, com suas gigantescas torres de vento, que agora mais pareciam palitos de fósforo espetados no horizonte difuso. Essa relação entre a distância deixada para trás e a conquista de cada obstáculo subjugado de fato instila em mim um novo estado de espírito. Mesmo acometida por uma lombalgia e dor quase insuportável na minha canela direita, vou galgando uma íngreme subida com crescente agilidade, virando-me para trás sempre que começo a esmorecer, até que finalmente, a minha mente consegue suprimir a minha percepção da dor física. Cruzo povoados desertos e percorro longas distâncias sem ver ninguém. Fora os franceses, que tinha ultrapassado e eventualmente perdido de vista, tenho a impressão de que sou a última peregrina neste trecho. Quando chego ao fim do exigente aclive, paro para descansar um pouco e massagear os pés. Estou completamente só e, embora normalmente abrace essa conjuntura encontrando glória na minha solitude, neste momento sinto apenas o revés da solidão. E lá vou eu, mais uma vez, inexoravelmente escorregando de volta para o fundo do fosso onde a minha autopiedade peçonhenta me espreita, a boca escancarada expondo os horripilantes dentes inoculadores de veneno. Alimento a pena que sinto de mim mesma sem ressalva, o meu coitadismo descaradamente afagando o meu ego de mártir. Vejo uma seta amarela pintada numa rocha e percebo o quanto eu ansiava encontrar uma direção para a minha vida. Onde estiveram as setas amarelas durante a minha vida? Para muitos, o caminho tomado era sempre tão cheio de caos, desvios e curvas sinuosas, subidas íngremes e descidas vertiginosas, precipícios intransponíveis que pareciam interromper a jornada, enquanto, para outros, o caminho tomado parecia ser tão fácil, uma trilha de setas amarelas ali, evidentes, apontando sempre na direção certa. No fundo, sei que não é a vida que escolhe o caminho para mim, e sim, eu que opto por trilhá-lo. No entanto, eu não estou com a menor disposição para assumir qualquer autorresponsabilidade neste momento. Esfrego a canela que voltara a doer e latejar, e com o pernicioso e persistente sentimento de autocomiseração no meu enlaço, finalmente desabo num choro sentido, incontido e solitário. Pela primeira vez me ocorre que talvez não consiga chegar a Santiago. Antes de continuar, com o choro já seco à face e o nariz vermelho, faço um autorretrato com o intuito de, sub-repticiamente, incluir o patético registro no *making of* do meu filme.

Depois de mais duas horas caminhando completamente sozinha, finalmente encontro outro ser humano no trajeto, um francês idoso e incrivelmente vigoroso, que me diz que está caminhando desde Arles, na França. Segundo ele, em dois dias terá completado 1.000 quilômetros a pé! Ele tem quase o dobro da minha idade e eu, a duras penas, tentava conquistar os meus primeiros 100 quilômetros! Ele me conforta dizendo que os primeiros dias são os mais duros e, depois de me desejar um *buen camino*, evapora no horizonte.

Para a minha alegria, alguns quilômetros adiante, encontro Paolo, Giuseppe e Michaela — os italianos de quem eu havia me separado dois dias atrás — além do meu amigo Ys, sentados juntos numa ponte sobre um córrego. Sou recebida com frutas, biscoitos e palavras de encorajamento, pois percebem pelo meu semblante acrimonioso, de quem chupou limão azedo, que estou tendo um dia sofrido. Depois de uma aprazível parada, seguimos todos juntos, o sol aparecendo pela primeira vez no dia e elevando o meu humor, até então carregado. Ys me repreende por usar papetes, sandálias esportivas de tiras reguláveis e solado de borracha. Sou a única no Caminho a fazer isso. As botas estão penduradas nas laterais da minha mochila. Tento explicar que a dor que sinto na canela é consequência de flexionar os pés para cima e para baixo dentro das botas pesadas durante 8 horas. As sandálias leves foram a única maneira que encontrei para conseguir continuar a andar. Venho de uma cidade onde passamos mais da metade da vida arrastando os pés, seja de chinelos ou sandálias rasteiras e, portanto, ao contrário dos europeus, Ys, não temos a musculatura da tíbia desenvolvida. Não convenço ninguém da minha teoria sobre canelas tropicais. E, embora secretamente estivesse totalmente convencida da minha tese, lanço mão de novo argumento — numa clara tentativa de angariar simpatizantes à minha causa de uma pessoa só — dizendo que os peregrinos do século XII definitivamente não fizeram o Caminho de botas e que, se Jesus Cristo estivesse vivo, com certeza usaria um *modelito* de sandálias como as minhas! Talvez ter trazido Jesus para a minha argumentação tenha sido um pouco apelativo, mas surte efeito, pois se Cristo tinha passado a maior parte da vida caminhando sobre a Terra de sandálias, então eu estava apenas seguindo uma tradição milenar como mandava o figurino.

Ritual de chegada: carimbar a credencial no albergue municipal, conseguir uma cama, lavar meias e roupas, tomar banho — no meu caso, devido às polêmicas sandálias, lixar os pés, de preferência com uma carcaça de porco-espinho — e pensar em comida. Francisco, vulgo Paco, trabalha como voluntário no albergue. Nasceu em Estella e apesar dos três dentes estoicos que lhe restam na boca, não se intimida diante do sexo feminino e é galanteador como todo espanhol. Depois de carimbar a minha credencial de peregrino e dizer que sou *muy guapa*, afirma que vai cozinhar uma *paella* especialmente para mim. Estella é uma graça de cidade e, depois de sacar dinheiro de um caixa automático, sento-me num bar com moradores locais para experimentar uma cerveja local. Passados breves minutos, descubro que o bar local é o bar frequentado pelo cidadão local, Paco, que com seu sorriso cavernoso insiste em me pagar uma *caña*, cerveja de pressão servida em copo de pé alto. Por fim, Paco se despede de mim, dizendo que precisa passar no mercado para comprar os ingredientes para preparar a tal *paella*. Uma piscadela de olho, insinuante e grosseira, lançada na minha direção, precipitadamente aborta o enternecimento que tinha sentido alguns segundos antes com a sua declaração. Com a cara enfarenta, mais precisamente de cheira-peido, dou-lhe adeus e sigo a rua no sentido contrário. Acabo esbarrando com os italianos que, como me informam, estão indo tomar uma cerveja num bar, logo ali, na praça principal. O estabelecimento tem tanta fumaça que consigo economizar vários euros em Marlboro como fumante passiva. Converso um bom tempo com Michaela, uma mulher esguia, com aproximadamente trinta anos, cabelos loiro-escuros sempre impecavelmente presos para trás, pele branca leitosa pigmentada por discretas sardas no nariz afilado, olhos castanhos delineados por cílios compridos e sobrancelhas arqueadas e pinçadas. É um rosto plácido, de beleza clássica. Ela me conta que também faz o Caminho por se sentir perdida e, assim como eu, acredita que através da introspecção conseguiria, entre um passo e outro, desenredar o emaranhado de fios que se tornara sua vida depois de uma brutal desilusão amorosa. Paolo e Giuseppe, obviamente enojados com a loquacidade verborrágica feminina, haviam se retirado já algum tempo atrás, assim, quando Michaela e eu finalmente deixamos o bar, já são dez da noite, bastante tarde para o parâmetro peregrino. Ao chegar ao albergue, encontramos Paco à minha espera com um amigo, o Che, e uma enorme panela de *paella* de aspecto ensebado. Não temos fome, mas não conseguimos declinar do convite, visto que Che se mostra encantado com a italiana, cuja presença se configura nitidamente para ele como um encontro duplo. Estiveram a me procurar pela cidade durante uma hora e meia para o jantar, assim, não nos resta alternativa a não ser empurrarmos goela abaixo garfadas gordurentas de polvo e arroz empapado. Paco *Tridente* é tão pegajoso quanto a sua culinária e, depois de anunciarmos que iríamos dormir, ele diz, evidentemente já embriagado, que adoraria ver o meu *culo* por debaixo do casaco amarrado à minha cintura. Dou boa noite ignorando o comentário e adormeço pensando em uma amiga que estava sempre citando a máxima: não existe almoço grátis!

21/04 (dia 5)
Estella a Los Arcos - 21,8 km

Desperto e olho para o meu relógio preso no estrado do beliche de cima. Está marcando 5:49. Embora ainda seja bastante cedo, sinto-me incrivelmente revigorada e surpreendentemente não sinto mais dor alguma. Só pode ter sido a gororoba do Paco! Levanto energicamente da cama e em poucos minutos tenho tudo devidamente dobrado, ensacado e arrumado. Os hospitaleiros servem *torraditas* com geleia e café com leite no refeitório do albergue. Muitos países estão ali representados, e vários idiomas são escutados à mesa comunitária, ao se pedir para que alguém passe o açúcar ou uma faca para a manteiga. Ofereço a todos uma caixa de morangos graúdos e rubros, comprados à véspera, ganhando, com este pequeno gesto, sorrisos sinceros. A soma de idades à mesa ultrapassa a do descobrimento dos restos mortais do apóstolo São Tiago. Como é que conseguem caminhar 800 quilômetros?! Estes adoráveis velhinhos deveriam doar suas carcaças à ciência para que se possa finalmente descobrir a cura para a morte.

Saio mais uma vez rumo ao oeste com o sol seguindo preguiçosamente logo atrás de mim. Nas primeiras horas de caminhada, contanto que o dia não esteja nublado, tenho sempre a própria sombra projetada à minha frente. Ela é bem maior e mais esguia do que eu e, apesar de estar sempre ligeiramente um passo à frente, caminhamos com ritmos idênticos. Começo a atribuir sentido às coisas mais simples, como esse, por exemplo, em que estabelecia uma relação entre mim e a minha sombra, um mero reflexo bidimensional da minha realidade tridimensional, mas que naquele momento, era tão real quanto eu mesma. Essas pequenas ocasiões no Caminho, em que a vida é experienciada através de um espírito lúdico, livre e criativo, estavam para mim na ordem do espiritual.

Dois quilômetros depois de deixar a charmosa cidade de Estella para trás, chego à famosa Fonte de Irache, uma *"fuente del vino"*, construída junto a um dos muros da empresa vinícola Bodegas Irache, que generosamente brinda os peregrinos em rota com essa deliciosa excentricidade. De uma placa se lê:

Peregrino
Se quiser chegar a Santiago
com força e vitalidade
tome um gole deste grande vinho
e brinde à felicidade.

Há duas torneiras na fonte, uma de água, a outra de vinho. Penso em como isso seria impossível numa cidade como o Rio de Janeiro. Haveria uma guerra pelo controle da torneira entre as facções criminosas CV (Comando Vermelho), TCP (Terceiro Comando Puro) e ADA (Amigos Dos Amigos), que aqui seria mudado para ADC (Amigos Do Caminho). Na improvável hipótese de que os criminosos, por uma influência mística do Caminho, decidissem enveredar por uma busca espiritual e se pusessem a caminhar, abandonando assim a fonte, com certeza ela não escaparia de um "flanelinha" que julgasse, sabe-se lá por que, ter a prerrogativa da torneira, passando a cobrar um ou dois euros por cada copo de vinho enchido. Havia pensado que quando chegasse nesse singular marco encheria a minha caneca umas duas vezes, ou até mais, já que era 08:00 e terminantemente proibido de se levar em um recipiente para tomar depois. Pensando sobre isso, percebo que eu também havia pensado em como tirar proveito da fonte, mesmo que de forma inconsciente. Tomar dois copos de vinho às oito da manhã antes de andar mais de vinte quilômetros é de uma burrice atroz. A cultura do "me dei bem" era realmente algo arraigado no DNA nacional. De repente me parece completamente desproposital tirar qualquer proveito da torneira. Sirvo-me de uma modesta dose de vinho, receosa de que a bandeira do Brasil estampada na minha caneca pudesse denunciar o meu Zé Carioca interior, caso a enchesse até o talo. E mesmo sentindo que, naquele momento, a malandragem condicionante do caráter brasileiro não estava mais no comando, confesso que é um alívio constatar que o vinho não era exatamente um Grand Cru. Encontro os três italianos, Paolo, Giuseppe e Michaela, na fonte e, depois de fazermos um brinde ao Caminho, seguimos juntos animadamente. Giuseppe quer saber se a dor que sentia ontem tinha melhorado.

"*Sì, mi sento incredibile*! Nenhuma dor *di più* no *mio... mio...*" A palavra *stinco*, que significa canela em italiano, foi proferida depois de tanta mímica corporal que acabo deslocando a dor para o *ginocchio* (joelho). Ninguém sabe a palavra canela numa língua estrangeira a não ser que a sua esteja fodida.

Cruzamos com um homem de aspecto quixotesco, montado num cavalo branco, seguindo no sentido contrário a Compostela. Os peregrinos da "contramão" são definitivamente as figuras mais excêntricas no Caminho. Há muito transgrediram o sentido da peregrinação e, não raro, são protagonistas de histórias fantásticas. Descobrimos mais à frente, através de um grupo de alemães, que o cavaleiro solitário peregrinava há quatro anos. Havia iniciado sua jornada em Jerusalém e no momento retornava à França.

Logo à entrada de Villamayor de Monjardín — primeiro povoado no percurso de hoje — somos recebidos de forma efusiva por um menino de aproximadamente onze anos, roliço, bochechas rosadas do ar frio, e um corte de cabelo capacete, que fazia com que parecesse com uma versão *chubby* do boneco Playmobil. Improvisado à beira da estrada, há uma mesa com café com leite e biscoitos, que ele oferece aos peregrinos que por ali passam, sem nada cobrar, aceitando, no entanto, donativos na base do "contribua com quanto puder". Deixo alguns euros e me sento ao sol com um biscoito e um copo de café, enquanto observo o rapaz desejando *buenos dias* a cada peregrino que passa, com o mesmo entusiasmo hiperbólico, aparentemente inabalado diante da repetição. Chegaria a ser cômico, não fosse deveras genuína a conduta do menino, que acolhia de forma idêntica cada passante, como um boneco de molas que salta da caixa toda vez que a manivela é girada e a tampa se abre. Peço a ele que carimbe a minha credencial de peregrino, o que faz com visível prazer, embora tivesse acabado de executar a mesma ação mecânica, marcando pelo menos dez credenciais em sequência antes da minha, com um enorme e kafkiano carimbo, com o nome da cidade rebuscadamente entalhado na borracha. Penso na má vontade em exercer suas atribuições e no mau-humor crônico do servidor público, cuja péssima qualidade do atendimento parece partir da premissa de que justamente por se tratar de serviço público, podem dispensar a educação e a cortesia no trato com o contribuinte. Esse menino deveria ser usado em vídeo motivacional para treinar funcionários de repartições públicas a servir o cidadão com presteza e urbanidade, e não como se o cliente fosse um estorvo. Abraço-o fortemente antes de partir e, depois de dar alguns passos na estrada em ligeiro declive, ouço-o me desejando *buen camino*, gritado a plenos pulmões, de forma álacre e entusiástica, como se fosse a primeira vez que proferia estas duas palavras.

Troco as minhas botas pelas sandálias, mais uma vez, sentindo alívio imediato. A essa altura tenho uma relação quase de ódio com os calçados de estrutura robusta, que em pouco tempo de caminhada, deflagravam uma dor contundente na minha canela direita. Toda vez que avisto um par de botas largado no caminho, algo mais comum do que se poderia imaginar, evidentemente abandonado por algum morador dos trópicos com o *stinco* fodido, fico tentada a também deixar as minhas para trás. No entanto, sou dissuadida por todos da ideia. Enquanto tento amarrá-las à mochila, com singular incompetência, Giuseppe, num rompante de compaixão, se oferece para levá-las para mim. Eu declino da gentileza, citando um dos recorrentes ditados ouvidos no Caminho, que diz que cada um carrega consigo o próprio peso, mais uma das copiosas metáforas da vida que o Caminho nos oferece. Ele sorri e diz calmamente que não tem intenção alguma de carregá-las. Amarra os cadarços de ambos os pés a uma corda e põe-se a andar arrastando as botas atrás de si, como se levasse um cachorro na coleira. A cena é um tanto quanto esdrúxula e todos que passam por ele acham graça. Giuseppe segue quilômetros com o seu novo "*pet*" na coleira improvisada e, ao vê-lo a distância, subindo as colinas ondulantes do percurso, tenho a vívida impressão de que um homem está fazendo o Caminho com o seu chihuahua.

Este trecho é indescritivelmente belo. Os morros de um verde quase artificial contrastam com a estrada, branca como giz, que serpenteia por entre a paisagem até perder-se na linha do horizonte. Há gigantescas pilhas de feno cor de ouro, alinhadas ao longo dos campos, e ramalhetes de flores silvestres, amarelas e brancas, conferem ainda maior deleite visual ao percurso. Decido que esta é, de longe, a locação mais perfeita para a abertura do meu filme. Com crescente agilidade, escolho o melhor enquadramento, demonstrando grande sensibilidade na composição visual dos elementos, além de sagazmente incorporar um pequeno morro à cena, protegendo a câmera de algum possível sopro súbito de vento. Corro os dedos pelo cabelo para não perder o hábito e dou um confiante *play* no remoto. Para minha total incredulidade a máquina apita, dessa vez exibindo na tela a seguinte afronta: *"memory full"*. Aaargh! Ok, é claro que não tinha a pretensão de fazer um filme até Santiago de Compostela com um único cartão de memória, mas o que não imaginava era que só desse para armazenar no dispositivo um vídeo de quatro minutos, onde inadvertidamente fazia uma paródia do filme *Twister*, ao comer uma banana no olho de um tornado; cinco fotos de nuvens; três de florezinhas; e duas de capim. Com amarga ironia, penso que não posso esquecer-me de mandar o meu currículo para a Sophia Coppola quando eu voltar para o Brasil. Mesmo que consiga comprar cartões de memória sobressalentes na próxima cidade grande, pelo visto teria que alugar um jegue para conseguir transportar o volume de cartões necessário para rodar Um Caminho Solo (Parte 1). Desisto! Tentei fazer um filme sobre a minha jornada a Compostela, mas decididamente a realização de tal ambição não estava escrita nas estrelas!

  Embora o Caminho seja sabidamente uma experiência individual, o dia ensolarado e a beleza da paisagem visivelmente conspiram para tornar o bem-estar e a felicidade um estado de espírito coletivo. Assim, crio espaço na memória do cartão e sigo fotografando, e definitivamente tenho maior êxito nessa empreitada. Busco capturar a magia do momento, poesia composta de luz, forma e sentimento, clique, clique, clique! Quando chegamos ao albergue de Los Arcos, tenho a minha primeira bolha no dedo mindinho. Michaela também tem uma, bem maior do que a minha, na lateral do dedão direito. No quinto dia de peregrinação, havíamos ambas nos tornado peregrinas legítimas! É de praxe enfiar uma linha de costura numa agulha esterilizada, e então atravessar a bolha com ela, prosseguindo até que a linha fique transpassada no interior da lesão. Isso permite que o líquido, potencialmente infeccioso, seja totalmente drenado do local. Muitos peregrinos costumam deixar a linha ali dentro, alegando que isso evita que ela se encha novamente de água, voltando a crescer e consequentemente a incomodar. O tratamento popular é infalível, e a maldita murcha e seca sem estourar, o que deixaria a pele embaixo em carne viva.

  Um lindo canto lírico enche o ar da tarde ensolarada, e a voz que se faz ouvir é tão sublime que não parece humana. Sei que é Nathalie, uma americana que faz o Caminho e canta a Ave Maria para os peregrinos em todos os lugares onde chega. Sigo o canto angelical e encontro todos no pátio interno do albergue, imóveis, ouvindo-a cantar por entre os varais de roupas, repletos de meias, camisas e casacos coloridos bailando na airosa dança do vento. Um pequeno gravador acompanha Nathalie, e o arranjo da música, como fico sabendo depois, fora criado pelo marido, um exímio pianista. De forma brincalhona, ela nos conta que caminha com o marido dentro de uma caixinha. O hospitaleiro do albergue, um holandês loiro com barba desgrenhada, fica tão impressionado com a sua voz, que liga para o pároco e propõe que ela cante na belíssima igreja de Santa Maria durante a santa missa. O religioso diz que ela é mais do que bem-vinda, e assim, um pouco antes das oito da noite, aproximadamente doze pessoas seguem juntas em direção à igreja para, mais uma vez, terem o privilégio de ouvir a voz de Nathalie, um poderoso instrumento capaz de tocar em emoções filigranadas nos recônditos mais profundos de cada receptor. O interior da pulquérrima igreja barroca, datada do século XVI, é fresco e silencioso e a atmosfera, por si só, nos induz a um estado de espírito mais elevado. Fico inteiramente absorta na contemplação dos belos vitrais, colunas poligonais, retábulos e elementos decorativos. A riqueza de cada detalhe entalhado em ouro vai ofuscando, um a um, os assuntos mundanos da minha mente. Finda a curta missa, o padre anuncia que uma peregrina americana irá cantar para a congregação. O momento só pode ser descrito como mágico. Uma voz lírica é uma dádiva que não tem equiparação. A soprano canta e eu fecho os olhos para ouvir melhor a sua voz, sublime, supramundana, que com cada nota me transporta dali para um mundo diáfano e vaporoso. Quando ela acaba, estou demolida.

Ao retornarmos, encontramos o jantar pronto. Paolo e Giuseppe tinham gentilmente se oferecido para ficar no albergue e cozinhar para o nosso pequeno grupo, e, para minha surpresa, junto à massa fumegante e ao fragrante molho de berinjela que borbulhava na panela, há uma salada de folhas verdes. Convidamos Felix, um austríaco de cavanhaque grisalho, entradas proeminentes e incríveis olhos azul-piscina, a dividir conosco a nossa ceia que, embora simples, era farta. Um pouco surpreso, ele aceita o convite com um enorme sorriso rasgado, franco, mas não sem antes ir buscar uma garrafa de vinho na sua mochila. Eu nunca havia testemunhado uma comunhão assim entre estranhos, a forma como a generosidade está em toda a parte. No Caminho, compartilha-se das coisas mais triviais, como anti-inflamatórios, tampões de ouvidos e xampu, até as mais extraordinárias, como a compaixão, solidariedade, ou, no caso de Nathalie, a Ave Maria de Schubert. Felix nos conta que sempre pulsara dentro dele o desejo de fazer o Caminho, no entanto nunca o fizera porque não conseguia ficar longe da mulher que tanto amava e que, segundo ele, não partilhava do mesmo anseio. Essa vontade o atormentou durante uma década, até que, juntos, encontraram uma solução para esta ânsia: ele começaria pelo fim. Deste modo, percorreria o Caminho de Santiago de Compostela no sentido contrário, até chegar a sua cidade na Suíça. Com isso, estaria se aproximando cada dia mais da esposa, ao invés de progressivamente se distanciando dela. Essa lógica permitiu que o sonho de Felix se tornasse uma realidade, tanto para ele quanto para ela, que queria a felicidade do marido. A sua história toca a todos. Fazemos um brinde ao Caminho do Felix, concordando que aqueles do "sentido contrário" eram indubitavelmente pessoas raras.

Antes de dormir, converso um pouco com Nathalie, que está do lado de fora, serena e, a meu ver, magnânima. Durante nossa conversa, fico sabendo por ela que uma diretora americana e sua equipe de filmagem estão no Caminho, neste exato momento, rodando um documentário sobre a milenar peregrinação. Quero saber onde estão e ela me diz que tinham começado as filmagens hoje, em Roncesvalles. Parece que iriam seguir alguns peregrinos encontrados em rota durante os 800 quilômetros até Santiago de Compostela. Acendo um cigarro e conto a Nathalie sobre o fracasso do meu projeto, em tom de galhofa, com certeza em uma tentativa de mascarar a real frustração que sentia. Tomar conhecimento de que uma equipe profissional registrava o Caminho de um grupo de pessoas aleatórias, a menos de 100 quilômetros dali, soa como uma amarga ironia para mim. Quatro etapas do percurso me separam de uma produção cinematográfica, caminhos que jamais se cruzariam. Talvez tivessem podido me ajudar com o meu próprio filme... Nathalie me conta que também fora atriz em Chicago, sua cidade natal, mas que a carreira nunca havia deslanchado porque tinha optado por dedicar-se à maternidade e à vida doméstica. Os anos passaram, os filhos cresceram e o desejo de atuar extinguiu-se, no entanto a vontade de cantar era perene. Sempre quisera usar o canto para algum fim, e por isso havia decidido vir para o Caminho, para compartilhar o seu dom com todos aqueles que, por um motivo ou outro, punham-se a prova tão dura. Diz que, se conseguisse tocar uma única alma errante que fosse, o seu esforço já teria valido a pena. Digo a ela que o seu canto tinha tocado profundamente a alma diante dela e que continuaria a tocar, sempre, todas aquelas outras que tivessem a fortuna de cruzar o seu caminho. Uma lágrima solitária escorre-lhe pela face, deixando em sua trajetória um rastro de sentimento e gratidão.

22/04 (dia 6)
Los Arcos a Viana - 18,6 km

Saio com Michaela, Giuseppe e Paolo. Será a última vez. Sinto-me melancólica sem saber bem o motivo. Cada um caminha no seu próprio ritmo. Estão todos bastante reflexivos e ninguém fala muito. Giuseppe, que perdera a mulher, vítima de câncer, quatro meses antes, está introspectivo, envolto em um silêncio denso. Sinto uma forte empatia pela figura cabisbaixa que caminha sem aquela que, durante vinte e oito anos, fora sua companheira de vida.

Paolo, concunhado de Giuseppe, evidentemente apercebendo-se da dor do luto do parente, também tem o semblante estampado por uma tristeza cúmplice e solidária. E por fim, Michaela, que notadamente ainda amarga com o dissabor de uma indigesta decepção amorosa — e demonstra estado de espírito igualmente sorumbático —, caminha com o olhar embaçado de alguém cujo foco está voltado para dentro. Pensamentos densos me visitam pela primeira vez desde que começara a caminhar. Até então, a alternância entre sede e fome, calor e frio, exaustão e dor me impediam de permanecer muito tempo escarafunchando os recôncavos da minha mente. O Caminho me punha no aqui e agora através das necessidades básicas do meu corpo, da consciência do peso que carregava, da percepção dos meus músculos e tendões se contraindo e relaxando durante a caminhada, da cadência rítmica dos meus passos. Olho para os três peregrinos à minha frente, cada um neste momento uma ilha em si, inacessível, cada qual ensimesmado num mundo interior singular, onde a experiência subjetiva individual jamais poderá ser acessada pelo outro. Tenho um sentimento espontâneo de vínculo com aqueles seres. Pessoas que, de uma maneira ou outra, estavam ali unidas por um fim comum. Poder-se-ia dizer que, embora impulsionadas por forças e motivos tão diversos, todos aqueles que seguiam as setas amarelas pelo Campo de Estrelas compartilhavam do mesmo desejo: o de chegar de alguma forma transformado. Disseram-me que eu encontraria a resposta no Caminho, mas percebo agora que havia um entrave nessa premissa: eu não havia formulado a pergunta. O que exatamente estava buscando? Sim, existe um vazio, uma "falta", e é ela que me move. Mas será que saberia denominar essa "falta"? Conseguiria nessa jornada encontrar o remendo para a parte que "falta", conquistando, assim, um estado de felicidade mais duradouro?

Ligo o meu iPod e, como sempre, a música logo começa a exercer efeitos positivos no meu cérebro. É provado que escutar música libera dopamina no cérebro, e não há dúvidas de que, num dia como hoje, tal substância química será mais do que bem-vinda. Os puristas do Caminho são contra a música, pois acreditam que ela o afasta de si próprio, mas eu consulto a Sombra, que parece concordar que um pouco de Soul não nos afastará de nada além do baixo-astral estéril que preponderava. Ao som do bom e velho Barry White aos tiros, vou acelerando o meu motor 3.8, ultrapassando os demais sem esforço, o ritmo melodioso e dançante perpassando o meu cérebro, instigando braços, ombros e cabeça a bailarem. Uso uma garrafa de água vazia como percussão contra meu próprio corpo, produzindo um sonoro embate entre plástico e carne. Giuseppe me dirá mais tarde que eu era uma figura engraçada de se ver ao longe, requebrando de um lado para o outro, enquanto caminhava. Era um andar gingado, uma dança andada, que, segundo ele, contrastava com Michaela, com a postura muito ereta, toda de preto, com dois bastões em punho, deslizando elegantemente como um cisne negro. Fico aliviada quando ele não oferece uma analogia com aves para descrever o meu jeito de andar que provavelmente seria análogo aos movimentos estrebuchantes de uma galinha decapitada.

Reagrupamo-nos em um café no município de Torres del Rio, onde ficamos sabendo, por alguns peregrinos que tomavam o desjejum, que Antonio e Emilio, os dois amigos italianos, haviam pernoitado no albergue municipal. Ambos estarão sempre uma etapa à nossa frente, o que torna mais difícil um possível reencontro entre nós. A decisão de parar ou seguir caminhando até o próximo povoado ou cidade inevitavelmente implica na separação daqueles que haviam se tornado personagens da tua jornada. Giuseppe e Paolo, que tinham vindo juntos à Espanha, e Michaela, que viera só, decidem andar mais oito quilômetros até Logroño, uma cidade infinitamente maior do que Viana, o pequeno povoado onde tínhamos acabado de fazer um pequeno lanche, dividindo salame, nacos de queijo e tangerinas. Decido não acompanhá-los, permanecer em Viana e, embora sentisse uma pontada de tristeza com o fato de que não seguiríamos mais juntos, era instigante imaginar quem estaria na próxima leva de pessoas com as quais o meu caminho cruzaria. Para ser sincera, já estava começando a ficar um pouco cansada de estar em um grupo cujo idioma falado não era o meu. Havia me julgado um fenômeno linguístico, abusando do meu conhecimento de italiano adquirido em viagens e com o meu cunhado de Bari, mas agora percebia que essa minha "prodigiosa fluência" era um delírio autoindulgente. A comunicação entre nós só se dava com alguma fluidez porque as relações nos primeiros dias de convivência eram superficiais, um mero bê-á-bá social. Seis dias depois, no entanto, superada a fase introdutória "mim Tarzan, você Jane", e com uma inevitável e crescente intimidade entre mim e o pequeno grupo de italianos, percebo que a minha capacidade *italianística* é uma desavergonhada compilação de substantivos reforçada por uma exagerada gesticulação das mãos. Tudo bem que viver o "aqui e agora" seja um conceito apregoado mundo afora como forma de se erradicar o sofrimento, mas usar o tempo presente irrestritamente para expressar o passado em construções do tipo "eu como peixe ontem" e "eu nasço em 1971" era levar esse entendimento a um novo nível de fanatismo.

Depois de mais uma vez executado o ritual de chegada, deixo o albergue para explorar Viana. Passo algum tempo perambulando pelas ruelas da absolutamente apaixonante cidadezinha. Na pequena praça que abriga a bela Igreja de Santa Maria, construída em estilo gótico, há um bar onde peço uma taça de vinho que, para minha surpresa, custa menos do que uma garrafa de água mineral. A proximidade com a região de Rioja torna o vinho não só melhor, como também mais barato. O dia ensolarado é um convite para eu desfrutar a minha bebida ao ar livre. Do lado de fora, uma mulher aparentando ter uns sessenta anos está sentada num dos bancos de pedra na praça, equilibrando uma taça de vinho branco na palma da mão esquerda e um cigarro esquecido entre os dedos da mão direita. Com os olhos fechados e a face prazerosamente oferecida ao sol, ela finalmente dá uma longa tragada e, em seguida, expele lentamente uma nuvem de fumaça tubular pelas narinas. Há um prazer quase indecente naquele momento. Sei que ela também é uma peregrina, pois já a tinha visto algumas vezes a caráter no Caminho.

Aproximo-me dela e levanto a taça, fazendo um brinde no ar. "*Hi!*" Ela sorri e ergue a taça de volta para mim. "Oi! Eu sou a Winnie! É Winnie como em Winnie-the-Pooh!" Trocamos um caloroso e enérgico aperto de mão. "O meu nome é Samantha, mas pode me chamar de Sam."

Além de achar terrivelmente divertida a maneira irreverente como se apresentou, também era fã do Ursinho Pooh quando criança, então tenho dois motivos concretos para explicar a afinidade instantânea que sinto por ela. Winnie é holandesa e trabalha com Reiki e fisioterapia alternativa. Os seus cabelos finos e não muito longos são de um tom castanho desbotado, embora nas têmporas os fios fossem grisalhos e grossos como barbante. Tinha olhos cor de mel e seus cílios, extremamente longos e escassos, estavam emplastrados e solidificados de rímel preto. Vincos profundos marcavam toda a área ao redor dos lábios, como um código de barras, devido aos longos anos de fumo. Ela fala em tom baixo, com uma voz firme, porém agradável, enquanto conversa comigo sobre questões profundas da vida, interrompendo o raciocínio em dado momento, apenas para buscar mais duas taças de vinho e umas castanhas, pelas quais se recusa a aceitar dinheiro. Winnie é mais uma que não faz o Caminho por motivos religiosos. No entanto, ela acredita em uma unidade cósmica, uma energia inteligente, primária e imanente que permeia tudo que existe. Ela dá uma profunda e sonora tragada no cigarro antes de seguir filosofando:

"O universo é um ser único e vivo em evolução, plenamente consciente de si, e o homem, apenas uma manifestação dessa autoconsciência. Eu busco na meditação, no Reiki, no equilíbrio comigo mesma, com a natureza e com o cosmos, a divindade que existe dentro de mim. Para mim, deus não é uma deidade exterior, ou um conceito mental fechado e externo que tantos parecem ainda aceitar. Todos têm dentro de si uma centelha divina, também presente em toda forma de vida, e tudo está conectado dentro de uma rede de interligações invisíveis. E é por meio dela, dessa interligação, que nos conectamos com 'deus', ou se você preferir, com um Todo Maior, com a inteligência suprema e poderosa que rege todo o universo".

Eu e a minha mais nova guru Winniegananda jantamos juntas num pequeno restaurante, que, assim como a maioria, oferece o Menu do Peregrino. Eu como uma asa de frango tão seca e raquítica que suspeito ser um gafanhoto. De uma forma geral, o menu do peregrino parece determinado a oferecer aos peregrinos uma "pitada" de martírio degustativo para tornar a experiência mais real. Afinal, prazeres como a gula não fazem parte do cardápio espiritual.

Winnie está no mesmo albergue municipal que eu, no mesmo quarto, para ser mais exata. Além de nós, as outras camas estão ocupadas por Ivone (a dinamarquesa *The Flash*), Paco (o homem do pijama listrado com bolsos) e mais três senhores. Um deles é tão matusalém que tem dificuldade de levantar-se da cama. Como esse homem faz o Caminho é mais um dos grandes mistérios do universo. Olho para os quatro cavalheiros ali se acomodando dentro dos respectivos sacos de dormir e fico aterrorizada com a perspectiva do apocalipse sonoro que se abaterá sobre nós. Muito para minha surpresa a noite transcorre quase que toda de forma silenciosa, não fosse por um único e isolado ronco vindo de um saco de dormir vermelho: era Winnie the Pooh!

23/04 (dia 7)
Viana a Navarrete - 22,4 km

Depois de devidamente abastecer o meu organismo com combustível — no meu caso, dois cafés e um cigarro — estou pronta para dar início a mais um dia no Caminho. Às 7:27, eu deixo o albergue na companhia de Winnie, que casualmente menciona ter tido uma excelente noite de sono.

"*Thank God*, porque, mesmo contra todas as possibilidades, finalmente ninguém roncou!", ela diz, jogando as mãos para o alto, de forma louvorosa. Não tenho coragem de dizer que ela mais parece uma panela de pressão na noite passada.

O sol nasce devagar, anunciando mais um dia quente. Em pouco tempo, cada uma de nós entra em sua própria cadência de caminhada e eu acabo tomando a dianteira, embora ela siga logo atrás de mim. Eu não a vejo, mas vejo a sua sombra sendo projetada na estrada. É uma silhueta vultosa que caminha, com um cajado de madeira retorcida, um pouco à direita da minha própria e igualmente enorme. Eu aceno sem me virar e ela entende. Somos duas sombras acenando uma para a outra, duas figuras animadas num mundo bidimensional. É uma cena bonita e ficamos algum tempo nos comunicando através de brincadeiras de sombras com as mãos. A sensibilidade em relação ao outro e ao meio é aguçada no Caminho, fazendo com que estejamos todos mais abertos e atentos a comunicações mais sutis. Uma vez, eu caminhava atrás de um homem que assobiava uma doce canção num *loop* eterno. Alguns dias depois, ao vê-lo novamente no percurso, eu passo por ele assobiando a mesma música. Ele cai na gargalhada e me acompanha, alternando riso e assobio, até completarmos juntos a sequência melódica. Tito, o solitário assobiador alemão, que caminha com um chapéu igual ao do Indiana Jones, não fala nenhuma palavra de inglês e muito menos de português, portanto nossa comunicação se dará por meio de melodias assobiadas todas as vezes que nos encontrarmos.

Logo à entrada de Logroño, paramos em mais uma casinha modesta onde a moradora, com um estande improvisado, também oferece café com leite e biscoitos aos peregrinos em troca de donativos. Peço para usar o banheiro e a mulher solta uma gargalhada estrondosa e me diz, apontando para o mato: "*Non hay! Tienes los campos!*".

Bato o recorde mundial do xixi mais longo do mundo — até então com 508 segundos — sob o olhar bovino, sereno e marasmático de duas vacas que ruminam *ad aeternum* o capim, alimento esse em que eu, humana, descarregava o meu fluido íntimo. Foi mal aí, vaquinhas!

Em Logroño, paro na famosa Fonte dos Peregrinos para encher a minha garrafa de água. Três peregrinos austríacos fazem o mesmo. Os três estão vestidos da cabeça aos pés com o que há de mais moderno e estiloso no catálogo do Peregrino Fashion. Estão tão limpos, coloridos e eretos que tenho a impressão de que acabaram de saltar de um ônibus de turismo e vieram fazer uma degustação do Caminho. Uma repórter japonesa com um inglês-nirá pede permissão para filmá-los bebendo água da fonte. Trata-se de mais um documentário sobre o Caminho de Compostela, dessa vez para a TV japonesa. Embora também estivesse ali, não sou encorajada a participar da tomada, pois, ao contrário dos três, eu não estou a caráter. Não sou uma representação fidedigna do peregrino do século XXI. Caminho de sandálias, com um cajado de pau torto encontrado no campo, e a minha mochila, com diversos sacos de plástico amarrados, é pequena para os padrões. Em contraste, pareço mais com uma mendiga-andarilha do que com uma peregrina contemporânea autêntica — mesmo com a bolha seca no mindinho — e, pelo visto, não há um papel para impostoras no documentário nipônico. Assim que chego ao centro de Logroño, uma cidade bem maior do que as demais, eu saio em busca de cartões de memória para a minha câmera e de um par de tênis, pois as minhas botas definitivamente não me acompanhariam mais até Santiago. Há três dias que caminhava com as sandálias e, nas poucas vezes em que obstinadamente tentara calçar as botas, não consegui andar mais do que uma hora com elas.

É incrível como nos curvamos e rendemos aos hábitos. O meu cartão de crédito começa a trabalhar furiosamente e, em pouquíssimo tempo, vou sendo engolfada pelo sistema, mais uma vez, sem resistência. Olho as roupas nas vitrines das lojas, leio as manchetes dos jornais em bancas, experimento batom na farmácia, e, no supermercado, tenho vontade de encher um carrinho com tudo aquilo que é supérfluo e de que o meu corpo não precisa. Entro numa loja de esportes gigantesca e encontro um tênis de corrida da marca Adidas que pesa menos do que o fio dental que trago na mochila. Quando tiro as sandálias para experimentá-los, a vendedora olha com uma fascinação mórbida para meus pés, cheios de esparadrapos escurecidos se soltando da pele, restos de esmalte vermelho nas unhas e a bolha ressecada no meu mindinho que agora mais parece uma verruga dos infernos. Ofereço-lhe um sorriso de desculpas, mas ela apenas me entrega um par de meias para provar os calçados, com certo nojinho, e vai atender um fisiculturista com os braços do Popeye e que tinha menos massa gorda no corpo do que eu tinha nas pálpebras. Saio da loja saltitando com o tênis novo nos pés. *Yabadabadoo!* Deixo as botas, caras e quase sem uso, estrategicamente posicionadas em cima de uma lata de lixo na esperança de que elas encontrem alguém que realmente necessite de um bom par de calçados. Carregá-las até Santiago não é uma opção. Seria maravilhoso para o atual mundo descartável que todos fossem obrigados a carregar tudo aquilo que não lhes servisse mais ou lhes fosse inútil. Em pouquíssimo tempo o nosso apego a coisas materiais acabaria e o planeta sofreria com menos desperdício e lixo. Mas a cultura de acumulação de bens materiais é um cancro nas sociedades do mundo globalizado e, embora o Caminho tivesse conseguido fazer com que o meu consumismo entrasse em remissão, eu claramente perdia a batalha contra o tumor maligno quando voltava para o mundo "real".

Logroño me parece ser uma cidade que, em outras circunstâncias, definitivamente valeria a pena ser explorada, no entanto, por ser relativamente grande, sinto-me um pouco atordoada com o trânsito, as buzinas e os transeuntes, todos os três em demasia, e depois de uma hora começo a sentir os efeitos neurotizantes de um centro urbano. Tenho um súbito desejo de voltar para o silêncio e introspecção do Caminho, porém não consigo encontrar nenhuma seta amarela que me guie de volta. Ando em círculos por algum tempo, atravessando as ruas como um cachorro perdido, até que finalmente vejo uma trilha de setas pintadas nos postes de uma avenida. Uma vez que as identifico, fica difícil entender como não tinha conseguido enxergá-las antes. Isso me faz lembrar da brincadeira infantil com nuvens: alguém pergunta se você consegue ver um camelo ou o perfil narigudo de uma bruxa em uma nuvem e, a princípio, você não consegue, mas uma vez identificada a forma, você não consegue mais ver apenas a nuvem. As setas amarelas gritam em sua função de sinalizar o Caminho, mas eu não consigo ver o óbvio porque a poluição visual e sonora faz reféns os meus sentidos: informações de trânsito, placas sinalizadoras, painéis publicitários, outdoors, ronco de motores e buzinas me distraem e me confundem. Depois de cruzar povoados com menos de cinquenta habitantes, Logroño, com seus pouco mais de cento e cinquenta mil, me parece densamente povoada. Nos campos, a ausência de qualquer lixo visual permite que as setas amarelas sejam vistas a todo o momento. Na natureza, vejo menos e enxergo mais, no seu silêncio escuto mais alto aquilo que está reverberando dentro. Acelero o passo ansiando por voltar para a trilha para retomar minha jornada interior, temporariamente desviada pelo perímetro urbano.

Depois de quase duas horas caminhando sozinha, eu paro numa fonte de água onde conheço Francis, uma sul-africana de dezoito anos, bochechuda, com o nariz em formato de morango, longas madeixas cor de mel e óculos de aro preto e grosso. Caminhamos juntas e, apesar dos vinte anos que nos separam, descobrimos que fazemos o Caminho por motivos semelhantes. Ela também não sabe que rumo tomar na vida, encontra-se dentro de um labirinto de dúvida, desorientada, sem conseguir encontrar uma saída. Ao contrário dela, nessa idade, eu só tinha certezas. Fruía cada momento da minha gloriosa juventude como se fossem fragmentos de eternidade, o futuro não existia e, sem antecipação, também não havia ansiedade ou hesitação sobre o que estaria por vir. Aos dezoito anos eu era imortal. Achava que tinha o mundo inteiro aos meus pés. Tudo daria certo, eu não tinha a menor dúvida de que a vida havia reservado uma trajetória de sucesso para mim. É *"Maktub"*, como diria Júlio, um autoproclamado anarquista que fumava tanta maconha que tinha fendas no lugar dos olhos, e foi o responsável por introduzir o termo na minha vida aos quinze anos. Entre baforadas de bagulho e ao som do The Who, ele filosofava sobre o conceito do vocábulo árabe que significa "está escrito" e que é usado na crença islâmica para expressar determinismo e predestinação. Alguns anos depois, essa noção serviria como tema para o livro do Paulo Coelho, *Maktub*, uma coletânea de crônicas cuja ideia central é de que sempre que desejamos algo do fundo de nossas almas, o universo está lá, conspirando para que o nosso sucesso seja inelutável. Eu dizia a mim mesma, do alto da minha arrogância juvenil, "relaxa garota, a tua história é *maktub*!". No entanto, eu havia falhado em entender que cabia a mim uma parte no conceito *maktubiano*, pelo menos segundo o autor, que vai além do fatalismo muçulmano imbuído na expressão, sugerindo que o universo conspira a nosso favor a partir do momento que temos um objetivo claro e uma disponibilidade de crescimento. Negligenciando qualquer responsabilidade sobre escrever a minha própria narrativa, entreguei-me de corpo e alma a uma vida hedônica, ensandecidamente desejando qualquer coisa que atuasse sobre o meu sistema dopaminérgico, alimentando em tempo integral o meu voraz circuito de recompensa cerebral. Nessa idade, a minha visão do mundo não incluía a noção de esforço individual, afinal, a minha vida, previamente apontada pelo Maktub, estava predestinada ao êxito e à brilhantura. Mal sabia eu que vinte anos depois estaria numa jornada com a minha própria sombra para curar uma depressão e finalmente aceitar que a vida não me devia porra nenhuma e que o Júlio era só um maconheiro delirante e não um profeta.

É o dia mais quente desde que começara a caminhar e o calor, além de nos deixar desagradavelmente suadas, também potencializa o nosso cansaço. Já passa de duas da tarde e muito provavelmente somos as últimas peregrinas neste trajeto. Ao chegarmos a Navarrete, encontramos o albergue municipal já lotado, e assim, só nos resta sair em busca de um particular. Felizmente conseguimos as duas últimas camas vagas na primeira hospedagem que consultamos e, embora fosse mais caro pernoitar ali, não hesitamos em ficar com elas. Francis me mostra o seu porta-moedas com um mísero e solitário euro e diz que havia se esquecido de sacar dinheiro em Logroño mais cedo. Dou-lhe minha última nota de dez euros, pois sei que no momento que se chega depois de uma longa caminhada, não há desejo maior do que tirar a "casa" das costas e as meias e calçados dos pés. Penso com alívio em como é bom não ter mais dezoito anos e ter que se foder tantas vezes na vida antes de aprender com a experiência. Como o dia está realmente muito bonito, decido adiar o banho, para aproveitar a tarde ensolarada. Calço os chinelos e, com as quatro moedas de euro restantes, saio em busca de um bar para tomar o meu merecido vinho enquanto dou uma olhada nas fotos tiradas durante o percurso. Sento-me numa mesa do lado de fora de um bar numa pequena praça, e faço sombra com o único ombrelone disponível. Estou ligeiramente arrependida de não ter pedido uma cerveja gelada. Pouco a pouco, vou sendo invadida por uma letargia e bem-estar produzidos pelo vinho e pelo clima de tranquilidade, quase marasmo, da pacata cidadezinha durante a tradicional siesta espanhola. Conecto-me com o meu lagarto do deserto interior, fico imóvel, respiro lentamente, os olhos preguiçosamente se rendendo por debaixo dos óculos escuros. Alguns minutos depois, sou despertada por um casal de alemães, que também já tinha visto inúmeras vezes no caminho, me perguntando se poderiam dividir a sombra comigo. De bom grado, movo minha cadeira para o lado, enquanto limpo discretamente a baba da boca. A nossa proximidade torna a comunicação entre nós inevitável. A mulher, que se chama Ingo, tem por volta de cinquenta anos, cabelos castanho-escuros cortados bem curtinhos e usa óculos de lentes tão grossas que os seus olhos escuros, por detrás deles, magnificados, parecem com os de uma coruja. O seu marido Beno, aparentemente da mesma faixa-etária, tem olhos de um azul penetrante, pele de crocodilo curtida pelo sol e entradas acentuadas na linha do cabelo, formando um M bem delineado no alto da cabeça. Embora o inglês dela seja melhor do que o dele, depois da terceira taça de vinho, os efeitos do álcool — que no meu caso me tornam poliglota — destravam qualquer inibição linguística de Beno, que passa a se comunicar com maior desenvoltura. Ele me conta ter feito um retiro espiritual num *ashram* na Índia, onde era obrigado a andar certa distância para fazer as necessidades fisiológicas no campo, sempre com um pedaço de pau na mão para se proteger de uma eventual cobra, orientação dada pelo próprio guru hindu. Defecação a céu aberto, onde as pessoas se aliviam em matas, corpos d'água, trilhos de trens ou qualquer outro espaço ao ar livre, é uma realidade para pelo menos 550 milhões de indianos. Confesso que fico um pouco chocada com essa informação, é como se absolutamente toda a população do Brasil, dos Estados Unidos, e podemos ainda incluir aí a Suécia, não fizesse uso diário de algo que tomamos como garantido: uma privada. Para mim é difícil conceber fazer algo tão íntimo num lugar público, pois sou daquelas que ainda nega a universalidade da ejeção de matéria excrementícia. Claro, num momento de raiva posso até imaginar alguém pintando a porcelana do banheiro como recurso de humilhação mental, no entanto na maior parte do tempo, como faço com a morte, eu evito pensar no assunto.

Ambos fazem o Caminho em busca de um crescimento e desenvolvimento pessoal. Beno diz que a meditação e a caminhada o tornaram uma pessoa melhor. Segundo ele, era extremamente ligado a coisas materiais, além de ter um ego ferino, e agora na meia-idade, confrontado com a própria mortalidade, passara a enxergar a vida de uma forma muito diferente.

"Considero que tenhamos duas tarefas distintas na vida: a primeira é experienciar a vida em si; a segunda é dar sentido à experiência", diz, acariciando a própria cabeça com movimentos circulares.

Quando falo que estou buscando um rumo na vida, uma vez que, além de não ter conseguido reconhecimento como atriz, não conseguia obter um sustento do ofício depois de uma década tentando, Ingo me diz que nunca soubera o que fazer com a sua vida. Desde sempre, Beno tinha assumido a função de provedor, além de ser o pilar emocional de toda a estrutura familiar, e assim ela jamais havia desenvolvido uma aptidão ou carreira. Delicadamente o marido olha para a esposa e diz:

"Mas você foi uma boa mãe." Não foi tanto o conteúdo da frase o que me tocou, mas a maneira como ela foi dita. Ele havia proferido essas seis palavras com tanto carinho que, naquele momento, senti ter testemunhado a mais absoluta cumplicidade possível entre um casal. Pergunto a ela quais são as suas maiores paixões na vida. Sem titubear, ela me diz que é estar com a família, cozinhar para eles, e caminhar ao lado do marido.

"Então você sempre soube o que fazer com a sua vida, pois faz exatamente aquilo que lhe é mais caro no mundo. Você ama profundamente e é visivelmente amada e talvez o amor seja o mais alto e derradeiro objetivo a que o homem pode aspirar."

Então, um silêncio eloquente, carregado de emoção, toma conta de Ingo. É um tempo em suspensão. Seus ombros magros sacodem ligeiramente, a cabeça pende para baixo. Ela está chorando. Beno, com os dedos entrelaçados nos de sua mulher, também tem os olhos azuis marejados. E como algo se rompe em mim toda vez que vejo outro ser humano chorar, eu sinto lágrimas de empatia se empoçando nos meus próprios olhos. Sem piscar, com receio de que transbordem, interferindo assim em um momento que não era meu, eu viro a cabeça levemente para o lado e, com otimismo, torço para que evaporem com o abrasante calor da tarde.

Percebo que todos os casais que encontro no Caminho têm uma profunda cumplicidade e harmonia entre si. São pessoas que escolheram evoluir juntas na sua transitória passagem pela terra. Notadamente, caminham lado a lado, com o mesmo ritmo, numa mesma cadência. Muitas pessoas acreditam que um relacionamento romântico perfeito é aquele em que o outro deve satisfazer todos os seus desejos, alguém que parece caber nos seus sonhos. Estão mais interessadas em cobrar atenção, carinho e dedicação do que em oferecer algo genuíno que não seja mera reciprocidade a tais gratificações. Você ama alguém porque ela alimenta o seu ego. E isso é o oposto de amor, manifesta-se de um egocentrismo que afaga a si mesmo no outro, ou pior, procura edificar a própria felicidade às expensas do outro. Amar é permitir que o outro seja livre para fazer suas próprias escolhas, é querer a sua felicidade mais completa, mesmo que com isso você tenha que abrir mão de toda a sua estrutura egoica. É entender que o outro faz parte de uma engrenagem cósmica que transcende qualquer autointeresse ou desejo de moldar nossos parceiros de maneira a que atendam nossos caprichos — isso sim é que vale uma vida a dois nessa Terra de expiação. É o amor que se alegra em saber que, mesmo que a relação amorosa acabe — e de uma forma ou de outra ela vai acabar, nem que seja com o fim dessa breve, porém épica existência nesse planeta azul —, algo de muito auspicioso foi criado. Uma criação, *quantum continuum* mental, isso é infindável — como energia atômica, poderosa e eterna. Penso em como cresci e caminhei em direções opostas aos meus companheiros em todas as minhas relações amorosas. Nelas, eu claramente ainda não tinha aprendido a amar, e, não à toa, caminhava aqui, assim como na vida, sem o outro, apenas na companhia de mim mesma. Sim, gostaria de ter alguém ao meu lado para seguir na mesma direção que eu, duas individualidades livres que jamais seriam uma, mas que juntas caminhariam com passos cúmplices rumo ao crescimento pessoal e espiritual, em direção à noite perene que mais cedo ou mais tarde chegará para todos nós.

24/04 (dia 8)
Navarrete a Azofra - 25,8 km

Acordo um pouco depois das cinco, e fico deitada no escuro, com os meus tampões de ouvidos de cera cor de rosa. Sem conseguir enxergar nada ou detectar qualquer ruído no quarto, ouço apenas minha própria respiração reverberando dentro do meu invólucro corpóreo, dando-me uma estranha sensação de estar fisicamente desconectada do mundo. Apesar de estar totalmente desperta, não tenho a menor vontade de sair no escuro, como muitos que começam a caminhada antes da manhã raiar e chegam ao seu destino na metade do dia. Caminhar tornou-se parte integral do meu ser e a única coisa concreta que tenho por ora. Chegar à etapa final do Caminho significa que é chegada a hora de parar de caminhar, algo que definitivamente não estou pronta para encarar. Estranhamente, não anseio pelo que está por vir. Reflito sobre como passara a maior parte da minha vida adulta querendo chegar à próxima etapa: quando eu acabar a faculdade, quando eu tiver o meu próprio dinheiro, quando eu for morar em Nova York, quando eu for uma atriz bem-sucedida, quando eu encontrar o grande amor da minha vida, aí então, de fato, a minha vida irá começar. É como se o tempo presente fosse sempre apenas o *test drive* para a minha verdadeira história, que debutaria no futuro próximo. Os anos se passaram e o futuro próximo já virou passado há tempo. Porque é tão difícil entendermos que o tempo é uma ilusão concebida pela mente humana? O futuro ainda não existe, e jamais poderá ser experienciado enquanto realidade, até que se torne presente.

    Lá fora o dia clareou de vez e às 7:30 estou pronta para partir. Pergunto a Francis, já desperta, porém ainda remelenta dentro do seu saco de dormir, se poderia me pagar os dez euros que me deve. Explico que não tenho dinheiro algum, havia gasto os últimos quatro euros com o vinho na véspera, e necessito de café e algo para encher a barriga. Ela diz que, mais uma vez, se esquecera — *cuti-cuti-bilu-bilu* — de ir a um caixa automático. Desta vez os seus dezoito anos me irritam profundamente. Tento em vão encontrar algumas moedas nos bolsos da mochila, enquanto ela me olha distraída e sonolenta. Estou abespinhada, minhas amígdalas saracoteiam dentro da região mais primitiva do meu cérebro, incitando-me a ser agressiva, irracional, a gritar impropérios. Sim, o meu cérebro reptiliano está no comando, aquele que controla o lado mais animal e instintivo do ser humano, aquele que é paranoico por natureza, pois para ele tudo é uma ameaça em potencial, e como ele é responsável pela minha sobrevivência —

afinal eu poderia convulsionar com a privação de cafeína —, ele aciona o meu super-eu ancestral que ordena que eu desfira um chute de Krav Maga na virilha dela, curto e rápido, *game over* querida, e olha que isso é só a cobrança dos juros. Não faço nada disso, mas como forma de vingança mesquinha, eu também não espero por ela. Mesmo encontrando um caixa automático logo na saída da cidade, uns 600 metros adiante, isso não contribui em nada para mudar o meu mau humor que já tinha se infiltrado no meu sistema central como um *malware*. Para o meu desespero não há nada aberto e, sem café para ajudar a espantar a minha ranzinzice, inicio a minha caminhada de forma relutante. Movo-me mal, tudo pesa, tudo dói. Este trecho não é tão bonito e luto contra a monotonia, o desânimo, o peso e a dor na canela direita que subitamente voltara a pulsar. No mínimo a lei da atração tinha captado a vibração do meu pensamento de infligir dor física na pobre Fran, e, como isso simplesmente não era uma opção, acabei atraindo de volta para mim mesma, como um bumerangue, essa merda de "canelite" pentelha. Depois de uns quinze minutos andando — para usar de um eufemismo já que estava coxeando como um perneta — encontro Winnie sentada à beira da estrada com um olhar murcho. Ela também está tendo um dia ruim, sente uma dor aguda no quadril e num dos tendões de Aquiles. Muitos peregrinos sentem dor nesse tendão, e suspeito, mais uma vez, das botas pesadíssimas que alguns calçam. No entanto, embora tentada a cagar regra, não faço uso da minha tese sobre botas e canelas tropicais, pois além dela ser nórdica, a sua dor não era na canela. Ivone, a dinamarquesa meteórica, nos alcança tendo saído quase uma hora depois de mim. Diz que também não tinha encontrado nada aberto em Navarrete e precisava de café para despertar, pois estava se sentindo lerda. Oi?! Decidimos sair da trilha para tentar encontrar algum bar que servisse o desjejum.

Winnie quer ficar só e não nos acompanha. Ivone me conta que vive uma crise no casamento. Descubro que tem 52 anos, e agora, com os dois filhos crescidos e morando fora de casa, decidiu que a sua presença na vida familiar não era tão imprescindível assim. Segundo ela, precisava descobrir a sua própria força e conquistar algo por si e para si. Detecto um leve ressentimento no seu tom de voz e tenho vontade de vociferar a palavra *Towanda*, grito de guerra da personagem de Kathy Bates em Tomates Verdes Fritos. No filme, *Towanda* é um clamor de libertação usado pela personagem, uma dona de casa insatisfeita com sua vida, para invocar a sua guerreira interior, o alter ego da Mulher Superpoderosa, a vingadora, alguém capaz de cometer atos de loucura. Em dado momento da narrativa de Ivone, sem conseguir me conter mais, eu cerro o punho e dou um patético soquinho no ar acompanhado de um pulinho e da palavra que acabaria virando sinônimo de empoderamento feminino mundo afora: "*Towanda!*". Ela dá uma risada e diz que eu pulei igualzinho ao marido dela quando o FC Copenhagen faz gol. Não era bem o que buscava transmitir com o gesto. Obviamente desisto de explicar a Ivone o conceito de *Towanda*. Encontramos um bar aberto e bebemos dois cafés cada, só para garantir. A cafeína finalmente me dá uma injeção de ânimo e, apesar de sairmos juntas, em pouco tempo a dinamarquesa de pernas torneadas e panturrilhas de aço dispara na frente até desaparecer por completo do meu campo de visão. Um pouco antes do meio-dia, decido parar para comer um sanduíche num bar, logo à entrada do povoado de Nájera. Poucos minutos depois, vejo Winnie e Fran se aproximando e, ao me verem, juntam-se a mim para um breve descanso e algo gelado para beber. Fran me paga e eu me sinto mal por ter me permitido ficar tão irritada com ela. Ela diz que ficará em Nájera, pois não tem mais condições de seguir, também sente dores fortes, no caso dela, nos pés. Embora preferisse seguir conosco, diz que também será bom ficar para trás. Apega-se rápido demais a pessoas e lugares, e assim, acredita que essa constante despedida entre as pessoas no Caminho está sendo uma experiência bastante válida para ela. É patente a percepção de todos nós sobre essa dinâmica de se deixar pessoas para trás ou de ser deixado para trás, como quando eu e os italianos nos separamos, e como isso implicava em possibilidades, quase que diárias, de se estabelecer novas conexões e relações com pessoas de diferentes nações, raças e credos.

"Dizer olá a alguém no Caminho é ter que se dizer adeus mais cedo ou mais tarde, Fran. Despedidas nem sempre são fáceis, mas dizer adeus para uma coisa significa dizer olá para alguma coisa nova."

Esse inócuo comentário, enunciado num tom ridiculamente professoral por mim, cai como uma bigorna na cabeça da tristonha Fran. Enquanto a menina ajusta a mochila às costas em silêncio, Winnie conserta, com habilidade, a minha frase que parecia ter deixado no ar um cheiro de ventosidade anal.

"Dizer adeus é também poder se viver a alegria de reencontrar aqueles que perdemos no caminho, Fran!"

Antes de seguir, eu aproveito o gancho do comentário da Winnie para dizer amavelmente que, com certeza, veria as duas muito em breve. *"Buen Camino!"*

Nájera está situada à margem de um rio e é uma cidade verdadeiramente encantadora. Assim como Fran, vários peregrinos decidem parar ali, pois o sol a pino está muito forte e os europeus, de forma geral, têm dificuldade em caminhar no calor. Percebo agora que este é o principal motivo pelo qual muitos saem ainda no escuro: evitar a todo custo o inclemente sol da tarde. Posso ter as canelas subdesenvolvidas, mas o meu sangue latino me dá certa vantagem para resistir à dureza de se caminhar em temperaturas elevadas, e assim, embora esteja fazendo um calor de bode, não hesito em continuar, inabalável, sob o sol escaldante. Logo saio do perímetro urbano e começo a caminhar por uma estrada de terra batida que serpeia por entre um mar de vinhedos. Vejo, nos troncos retorcidos das videiras, os primeiros sinais de um novo ciclo vegetativo depois da dormência invernal, embora as pequenas folhas despontadas não sejam ainda expressivas o suficiente para enverdecer as vinhas. Fico impressionada com o colorido da terra, vermelho vivo, como frutos maduros de pimentas e pimentões. Ao fundo há uma cadeia de montanhas, ainda com neve nos cumes, e o contraste do gelo com o solo cor de páprica doce é de tirar o fôlego. Ando quilômetros sem ver nenhum outro peregrino, sem ver quase nenhum outro ser humano, na verdade. Caminho em direção a um horizonte que parece recuar à medida que avanço. A paisagem vai mudando como em um filme em câmera lenta, a beleza cênica da paisagem somada à solitude me traz uma extraordinária sensação de bem-estar. Uma euforia crescente me invade o peito. O ar puro inspirado vai empurrando os meus músculos intercostais, que se dilatam ao máximo; a respiração longa e profunda oxigenando minhas células, um fluxo crescente de energia vital circulando dentro do meu corpo. Inebriada de felicidade, eu tiro os calçados e me estiro na relva de olhos fechados, enquanto uma tessitura de zumbidos ecoa em meus ouvidos, o zum-zum hipnótico do coral de insetos da grande orquestra da natureza. Inspiro profundamente, sentindo o cheiro das árvores, do barro, das larvas, da decomposição orgânica. Sinto-me mais livre do que nunca. É uma sensação que a natureza me oferece de forma generosa e abundante sem nunca pedir nada em troca, todas as vezes que me aproximo dela. Em contrapartida, qualquer sensação de liberdade mais duradoura acaba inevitavelmente sendo tolhida na cidade grande. Como não comprometer a sanidade quando se vive num centro urbano densamente povoado, onde há um convívio forçoso entre milhões de pessoas num espaço diminuto, todas com desejos próprios e ritmos diferentes do nosso? Pessoas tentando desembarcar de um vagão de metrô lotado, ao mesmo tempo que outras tentam embarcar; indivíduos que cortam a unha em transporte público, enquanto você, transfixada pelo som abominável do dispositivo mecânico, tenta, pela terceira vez, ler um trecho de um livro sobre física quântica do qual não entendeu bulhufas; a vaca que, com sua massa corporal, ocupa inteiramente o lado esquerdo de uma escada rolante de vinte e dois metros de comprimento, no momento em que você está atrasada para a consulta com a endócrino bombadérrima, agendada com três meses de antecedência — possivelmente a cura para a sua desembestada queda de cabelo —, e quando você pede licença, a cretina te diz: "tá com pressa passa por cima!"; uma pessoa num restaurante que conversa na mesa ao lado num tom de voz perfeitamente civilizado, mas que ao atender o celular inexplicavelmente aumenta o volume vocal para decibéis de urro, você não consegue nem se concentrar na carta de vinhos, todas as suas funções cognitivas foram sequestradas, você é refém, simplesmente não há como fugir daquela indesejada conversa alheia; ou quando você está pedalando na ciclovia e uma família inteira até a quarta geração caminha emparelhada na pista, como uma tropa de choque, de uma solidez opressiva, obstruindo a pista nos dois sentidos, e, quando você tem a petulância de reclamar, o patriarca, homem de estatura baixa e robusta, com pelos ouriçados em caracóis que lhe cobrem qualquer parte do corpo à mostra, inclusive orelhas e narinas, te mostra uma arma, pois é da polícia militar e como representa a lei acaba de criar uma que dá direito a sua família de Ursinhos Gummy de atravancar o fluxo de ciclistas, skatistas, patinadores, cadeirantes, ou qualquer um que caminhe num ritmo conflitante com a sua marcha institucional. No Caminho, apesar da realidade ser outra, é no mínimo curioso perceber que quando há um leve e quase velado sopro de atrito entre as pessoas, ele se dá de forma análoga: um grupo de pessoas convivendo num espaço físico limitado, onde cada um é regido por um desejo e tempo próprios. Como por exemplo, em albergues lotados, um peregrino querendo sair às cinco da manhã, enquanto outros dormem; alguém esperando para usar o único escorredor de massa disponível na cozinha comunitária, enquanto um perfeccionista o usa para lavar lentamente cada rugosidade da superfície da alface; um último leito disponível para três pessoas que chegaram juntas a uma hospedagem; o ronco bestial de um que frustra o sono de vários...

Embora seja inegável que a vida urbana tenha impacto na vida mental de seus habitantes, é fato também que cada pessoa recebe fatores ambientais negativos e lida com eles de maneiras diferentes. Não há dúvidas de que fatores internos tiveram um papel decisivo no surgimento dos meus sintomas patológicos de estresse. Afinal, uma pessoa emocionalmente saudável em pouco tempo retorna ao estado normal após os estímulos e eventos estressores do dia a dia, enquanto uma pessoa estressada entra num círculo vicioso de desequilíbrio, tornando-se cada vez mais amoldada a esse estado, que passa a ser um estado "natural" de ser. Ou seja, no meu caso, um Incrível Hulk raivoso em tempo integral, a fúria gama despertada funcionando de modo ininterrupto, sem o respiro de poder voltar a ser o David Banner. No último ano, qualquer sensação de bem-estar fora paulatinamente sendo substituída por esse estado de estresse crônico. Respiração curta, rápida, hiperventilação, raiva, desesperança, depressão, e finalmente uma caixinha tarja preta que prometia resgatar o tal contentamento existencial que eu havia perdido. A linha entre o que é normal ou não definida pelo controverso DSM-5, o manual psiquiátrico que potencialmente inclui a maioria de nós em algum momento de nossas vidas. Uma violenta epidemia de doenças mentais e a banalização da prescrição dos psicofármacos alimentando a doente indústria farmacêutica. No meu caso, fui vítima da "epidemia bipolar", ah, de "ciclagem rápida". Em quinze minutos recebi o diagnóstico. Em nenhum segundo aventou-se a possibilidade de que a minha tristeza fosse uma reação natural, compreensível e adaptativa aos eventos e circunstâncias adversas da minha vida. Não. Meu sofrimento cotidiano, legítimo, seria combatido por antidepressivos, ansiolíticos e antipsicóticos, cujas dosagens, até chegar-se à combinação medicamentosa "ideal" para o meu organismo, aumentavam, diminuíam, mudavam de nome, composição química, fabricante; cada nova tentativa projetada para combater os efeitos colaterais causados pelo medicamento anterior. Pílulas mágicas que prometiam a cura para aquela que, na verdade, sempre fora eu: irreverente-idiossincrática-extrovertida-engraçada-sensível-louca-furiosa-cagadora-de-regras--agressiva-intensa e, naquele momento da minha vida, também deprimida. Durante cinco meses fui cobaia de um psiquiatra que colocou um rótulo nos traços da minha personalidade e encontrou aquilo que eu estava sentindo detalhado em alguma(s) página(s) do manual. Durante cinco meses ele olhou para os meus sintomas sem se importar com as possíveis causas; durante cinco meses eu alternei entre dores de cabeça, tremores, enjoos, prostração, insônia e pensamentos suicidas; e durante cinco meses o que me salvou foi a minha bicicleta e o meu iPod. Quando a dor era grande demais, eu me arrastava para fora da cama e pedalava em alta velocidade pelas orlas do Rio, do Leblon ao Leme, pelas ruas nervosas e esburacadas da cidade, pela Rua São Clemente, Rua Humaitá, até a pista da Lagoa, o trance psicodélico — música eletrônica de batidas rápidas, entre 135 a 165 bpm — em volume perigosamente alto; a batida grave da música entrando em sintonia com as batidas do meu coração; a repetição sonora me induzindo à catarse emocional; horas a fio pedalando a esmo até que a exaustão física aplacasse a minha ira, amortecesse os meus pensamentos peçonhentos, até que naturalmente eu fosse engolfada por um estado lisérgico, tendo finalmente a dor no peito abrandada...

Com pensamentos sobre liberdade e trânsito existencial livre, eu percorro este belíssimo trecho da região de Rioja, chegando suada, imunda e incrivelmente bem-disposta a Azofra, cidade onde iria pernoitar. No entanto, antes de seguir para o albergue, sento-me à sombra de uma árvore para tomar uma cerveja gelada numa pequena praça ensolarada. É *siesta* e, fora o bar vibrante onde comprara a bebida, o marasmo cotidiano da pacata cidadezinha, que claramente dá uma banana para o capitalismo, é tão imperante que tenho que resistir ao impulso de me enroscar ao lado de um vira-lata modorrento espreguiçado no meio da rua que parecia indiscutivelmente ser a criatura mais feliz do mundo neste exato momento.

O albergue é sensacional e está lotado de pessoas do lado de fora bebendo vinho *rosé* ou cerveja e escrevendo em seus diários e blocos de anotações. Há um ziguezague de cordas no pátio, onde casacos de cores vibrantes, meias coloridas, calças *tactel* e camisetas *quick dry* secam ao ar livre. Mais uma vez, fico hipnotizada com as roupas que, com o vento forte que sopra, se contorcem dramaticamente nos varais, parecendo ganhar vida própria. Há uma estranheza nessa cena e tenho a sensação de estar num set de filmagens de um filme do Wim Wenders. De repente escuto uma voz de sotaque carregado me chamando de cima com genuína felicidade: *Zamantaaa*! Olho para cima e vejo dois bracinhos e um par de óculos saindo por um basculante. Não consigo identificar o dono míope dos membros que gesticulam. Ele grita: *"Das bin ich, Uli, der Schokoladenengel!"*. Eu havia dito a Uli que ele era o meu anjo do chocolate depois que me salvara no primeiro dia de caminhada, e agora ele se esgoelava através de um basculante no quinto andar usando esse mesmo título para se identificar. Eu não o via há dias e quando ele finalmente desce até o pátio externo onde estou, pela terceira vez me presenteia, como era de se esperar, com um bombom de chocolate com recheio de morango.

"Danke Engel!"

Para minha surpresa, encontro Francis no albergue. Exultante em me rever, a sul-africana me envolve num forte e caloroso abraço e, de forma brincalhona, diz que não tinha conseguido ficar muito tempo longe, pois tinha se apegado demais a mim.

"Estou zoando. Na verdade, como todas as camas estavam ocupadas no albergue municipal de Nájera, eu não tive alternativa a não ser continuar a andar!"

"Francis, pode dizer a verdade, você estava tendo crise de abstinência sem a minha presença". Ela ri alto e dá um tapinha amigável no meu braço.

Ela me apresenta ao Matthew, um simpático americano, muito alto e magro que, embora ainda fosse jovem, tinha o cavanhaque e os cabelos já bastante grisalhos. Convidam-me para comer com eles, e assim, depois de dividirmos as funções na cozinha, nos sentamos do lado de fora para um memorável jantar onde nos deleitamos com o risoto de cogumelos feito a seis mãos, uma garrafa de um agradável vinho local, e uma abundância de humor e risadas que só intensifica a consonância entre nós durante aquela experiência. Sem qualquer aviso, o tempo vira dramaticamente nos forçando a correr para dentro com os pratos sujos, as taças vazias e as barrigas cheias. Durmo com Ivone em um quarto para dois. Estamos muito felizes, pois ambas sabemos que a outra não ronca. As ceras cor-de-rosa dormem em sua caixinha pela primeira vez.

15/04 (dia 9)
Azofra a Santos Domingo de la Calzada - 18 km

São sete da manhã. A cama ao lado está vazia. Não há nenhum vestígio de que outra pessoa havia dormido ali. Fico perplexa com o fato de não ter acordado com a movimentação de Ivone antes de partir. Havia dormido dez horas ininterruptas e o meu cérebro está muxibento por causa do excesso de sono. Saio sem pressa e vou a um bar, o único lugar aberto a essa hora. Ninguém na cidade parece ter muito interesse em ganhar uns trocados servindo o desjejum aos peregrinos. O bar, sem concorrentes, está em polvorosa com estrangeiros e locais, a maioria senhores alegres e folgazões, baforando tabaco já cedo. A campanha antitabagismo passou longe da Espanha, ou pelo menos das pequenas cidadelas ao longo do Caminho, onde ainda se fuma descaradamente em recintos fechados. Enquanto como ovos fritos e o típico pão local, uma bisnaga comprida de trigo branco, fálica e farinhenta, vários peregrinos, a maioria vinda de povoados mais distantes, adentram o estabelecimento, transformando o vão de entrada em um estacionamento para cajados e mochilas. Eis que a porta se abre, pela enésima vez, revelando Winnie the Pooh, que se dirige até onde estou sentada, espremida atrás de uma viga, e me cumprimenta de forma entusiástica, como previsto, mais uma vez. Ela não sente mais as dores no quadril ou no tendão de Aquiles e parece bem mais disposta e serelepe do que na véspera. Conversamos animadamente, atualizando uma à outra sobre os últimos acontecimentos e planejamentos do dia, sem conseguir nos vermos com muita nitidez por causa do *"fog"* produzido pelo fumo. Dois senhores belgas na mesa ao lado engatam uma conversa com Winnie sobre Ki, a energia vital universal, enquanto ela se atraca com uma bisnaga do tamanho do meu cajado. Anseio pela minha habitual solitude matinal, e assim, anuncio a minha retirada ao pequeno grupo. Ela não faz nenhuma objeção ao fato de eu partir sem esperar por ela, ninguém nunca faz. Todos aqui parecem entender a necessidade do outro pela introspecção. Sorri com seus misteriosos olhos cor de amêndoa e me deseja um *Buen Camino*. Depois de pouco tempo caminhando uma fina e persistente garoa começa a cair. Não havia colocado a capa de chuva desde o primeiro dia de caminhada. O caminho está envolto por uma espessa neblina que compromete de tal modo a minha visibilidade que tenho que me guiar pelo contorno da estrada. Ao chegar ao topo de um morro, consigo discernir as silhuetas de vários peregrinos pontilhadas à distância. As mochilas protegidas sob os ponchos de chuva assemelham-se a corcovas, fazendo com que pareçam uma caravana de dromedários andando em fileira. A minha visão periférica é ceifada pelo capuz, que, como antolhos de cavalo, me obriga a olhar sempre para a frente e levemente para baixo, num ângulo de 75 graus. Passados alguns quilômetros de uma caminhada visualmente limitante e monótona, reconheço Ivone separada de mim por um pequeno campo à minha esquerda. Embora a estrada contorne este campo fazendo um U, decido cortar caminho e atravessá-lo a despeito do capim alto. Alguns peregrinos passam por mim, seguindo pela estrada indicada, e secretamente me congratulo pela esperteza de pegar um "atalho", ganhando assim, cinco minutos inteiros de vantagem frente aos demais. Mesmo parecendo um espermatozoide solitário dentro daquele poncho, e sem ninguém para competir ou testemunhar minha pasmosa façanha, sinto-me ridiculamente triunfante. Quando chego do outro lado, tenho os pés completamente encharcados. Por causa de trezentos metros "trapaceados" no atalho-pântano, a peregrina esperta será forçada a caminhar os próximos quinze quilômetros com pés de rã em uma temperatura de dez graus. Uns cem metros a minha frente, identifico Ivone agachada atrás de uma árvore em uma posição que não deixa dúvida de que está urinando. Ela fica horrorizada ao perceber que alguém se aproxima de onde está. Como eu tinha atravessado o campo coberto pelo matagal, ela não tinha me visto, e assim, com uma expressão de pânico estampada no rosto, tenta desesperadamente subir as calças e se recompor. Na chuva somos indistinguíveis e sei que ela não sabe que o *camelus dromedarius* que se aproxima sou eu. Quando finalmente me reconhece sob o poncho de chuva, temos um ataque incontrolável de riso, como duas crianças, uma gargalhada profunda que faz com que o nosso corpo se convulsione, a barriga fique doendo, e as glândulas lacrimais, aparentemente confusas diante de tamanha excitação emocional, produzam lágrimas que escorrem dos nossos olhos. Não consigo lembrar a última vez em que os fluidos que vertiam desses mesmos dutos não fossem de tristeza. "*Towanda!*", gritamos quase que em uníssono sob a chuva que começava a apertar, provocando, por conseguinte, uma nova explosão de riso.

"Eu realmente estava precisando disso, Sam!"

"Eu também!"

Sem conseguir acompanhar o ritmo da "batatuda" Ivone, ela se despede de mim e segue sozinha, sua figura em pouco tempo desvanecendo-se por completo na pálida e ocultante bruma.

Ligo o iPod e, como sempre, a música exerce os seus efeitos positivos sobre mim. Ela me distrai, estimula, enfim, torna o processo de caminhar na chuva e no frio algo mais tolerável.

Aos poucos, a "droga sonora" dispara a liberação de opioides endógenos no meu cérebro, essas mesmas substâncias químicas que proporcionam as sensações prazerosas geradas pelo sexo, comida e drogas recreativas. O meu ritmo vai acelerando e, com passos enérgicos, eu subo um morro como uma máquina, chegando ao topo no momento exato de cantar junto com Louis Armstrong o refrão de "What a wonderful world"! Sigo ouvindo música, inarredável, enquanto gotas gordas e pesadas despencam do céu sobre a crosta terrestre, encharcando a estrada, o solo e os verdejantes campos de trigo e beterraba açucareira. Nina Simone, Lynyrd Skynyrd, Artic Monkeys, Gotan Project, Beethoven, Tigelas Tibetanas... Tenho um gosto musical eclético. Engato numa sequência de flashback anos 80, essa década filha da mãe que não me larga por nada, que gruda em mim como uma película de verniz nostalgicamente insolúvel. Midnight Oil — "Beds are burning"; The Clash — "Should I stay or should I go"; Queen — "Under pressure"; Talking Heads — "And she was"; Blondie — "The tide is high"; Legião Urbana — "Geração Coca-Cola", a profunda conexão neural entre as músicas e os eventos da minha vida me transportando de volta para outro tempo e espaço, o meu corpo requebrando violentamente dentro do poncho de plástico enquanto vou percorrendo estoicamente o caminho. Cinco ciclistas vêm na minha direção em velocidade vertiginosa levantando água do cascalho molhado e, ao verem uma peregrina dançando sozinha na chuva, passam por mim gritando palavras de encorajamento. Mais adiante, duas camponesas, que também seguem no sentido contrário ao meu, com os braços entrelaçados e protegidas por um enorme guarda-chuva preto, também parecem se divertir com a minha irreverência e, entusiasmadas, literalmente aplaudem os meus esforços. Sempre fui apaixonada pela antológica cena de Gene Kelly e Ginger Rogers em *Cantando na Chuva* e, nesse momento, sentia a mesma plenitude e liberdade que seus respectivos personagens emanam daquela cena. Finalmente, "dance como se não tivesse ninguém te olhando" foi possível de ser experienciado pelo simples fato de que, de fato, não havia ninguém me olhando. Talvez seja necessária uma pequena dose de excentricidade para conseguir se permitir vivenciar um sentimento de alegria numa situação adversa, tal qual a que me encontrava agora, andando por quilômetros debaixo de uma chuva intensa, contra o vento, com os pés congelados e carregando quase dez quilos nas costas. É preciso atravessar o limiar de toda e qualquer resistência mental e se deixar levar pelo fluxo puramente mecânico do corpo no tempo presente. Penso no saco plástico dançando ao sabor do vento no filme *Beleza americana*. Aquele material sem peso, sem resistência e sem questionamento que apenas se deixa levar. Ver aquele saco plástico flutuante agitando-se no ar, numa dança aleatória, teve um efeito profundo em mim. Era extrair beleza e poesia do lixo. Acho que fui a única na sala do cinema a chorar durante essa cena. Sinto-me como aquele saco flexo enquanto sacolejo na chuva, na rajada de vento, agitando-me em todas as direções, sem compromisso com forma, estética ou público. Danço porque sou humana, se fosse plástico voaria.

  Embora a chuva finalmente tivesse dado uma trégua, sinto os dedos dos pés rígidos e entorpecidos, um alarmante prenúncio de cãibras. Não sei se estou me aproximando do meu destino ou não. Há muito que seguia sem um mapa. Havia-o deixado para trás num albergue no quinto dia de caminhada. Nenhum peso é desprezível quando você tem que carregá-lo por 800 quilômetros, e assim, desde então, recorria quase que exclusivamente às setas amarelas para minha orientação, como uma espécie de Dorothy do Mágico de Oz, que segue o caminho pela longa estrada de tijolos amarelos até a Cidade de Esmeraldas, numa jornada que é vista por muitos como uma psicodinâmica alegoria para a autodescoberta e autotransformação. Alguns quilômetros adiante, o meu dedo mindinho esquerdo contrai-se numa cãibra e a dor começa a tornar a caminhada quase impossível. Sento-me sobre a mochila para massagear um pouco a violenta constrição muscular que faz com que o meu pé, além de azulado de frio e peganhento de umidade, ainda esteja também aberrantemente deformado. Se eu fosse a Cinderela, o Príncipe Encantado ia tomar uma surra tentando fazer com que meu pé entrasse no sapatinho de cristal, pois fora a contração espasmódica, ainda teria que encarar o meu avantajado joanete, que por si só, já tornaria a tarefa indigesta. Calço o tênis novamente, no entanto assim que piso no solo o dedo se enrosca de forma dolorosa mais uma vez, como uma língua-de-sogra que se retrai no momento em que o ar lhe escapa. Talvez a única solução fosse deitar atravessada na estrada e me fingir de morta para ver se alguém carregava o meu corpo até a próxima cidade. Para meu alento, menos de cem metros adiante, finalmente vejo a placa que tanto buscava: Santo Domingo de la Calzada. São 11:40 da manhã e eu havia percorrido 15.2 quilômetros em duas horas e meia nas condições climáticas mais adversas que tinha enfrentado no Caminho até então. Para as minhas pernas curtas de Basset, dor crônica na canela e um dedo do pé praticamente necrosado, isso era um feito e tanto.

O albergue municipal é fenomenal, na verdade, um hotel de luxo para os padrões peregrinos. Está aberto há apenas um mês e o pagamento é um donativo. Viva a Espanha! Depois de um leito garantido e um relaxante banho quente, dou uma circulada pelo albergue para ver se encontro alguém conhecido. Dois rapazes bastante jovens, algo não muito corrente no Caminho, estão no amplo refeitório, debruçados sobre um mapa da rota Jacobina. Um deles exibe traços europeus, enquanto o outro é decididamente latino. Sento-me à mesa ao lado e, em pouco tempo, puxam conversa comigo. Descubro que o rapaz de estatura baixa e atarracada, pele morena, cabelos pretos e feições indígenas é peruano e se chama Alejandro. Aperta a minha mão com um sorriso sincero, mostrando os belos dentes brancos. O da raça europoide tem a estatura elevada, cabelos loiros, olhos esverdeados e a mandíbula e maçãs do rosto bem marcadas e angulosas. É escocês e extremamente atraente. Aperta minha mão com um sorriso que parece programado para ser irresistível e apresenta-se como Juan. Que caralho de Juan escocês é esse?! Durante a conversa, o alto e belo vai se revelando convencido e distante, com um quê de arrogância, e o baixo e feio, cândido e afável, com um quê de benevolência. Juan me faz pensar em *O Retrato de Dorian Gray* de Oscar Wilde, é como se por debaixo da camada exterior da sua estética perfeita existisse uma deformidade narcisista qualquer, assim como no personagem wildiano. No entanto, tal qual uma adolescente tola, acabo me rendendo à perversa beleza do jovem escocês e me pego rindo mais alto e mais frequentemente do que o necessário. Finalmente decido que era chegada a hora da hiena-coquete se despedir dos dois cavalheiros e sair para explorar um pouco a afamada cidade de Santo Domingo de la Calzada. Levanto da cadeira e, no momento em que saio de trás da longa mesa de madeira, tropeço em uma de suas pernas, numa rara demonstração de graciosidade, algo que faz com que perca o equilíbrio, e acabo literalmente dando uma cabeçada na boca do estômago de um robusto senhor que está passando.

"*Buen Camino!*", diz o bem-humorado homem me segurando pelos ombros. Desta vez eram eles que riam mais e mais alto do que necessário. Nada a ver.

A cidade de Santo Domingo de la Calzada é absolutamente encantadora. Enquanto caminho na estreita calçada de uma de suas bem preservadas ruelas medievais, admirando a arquitetura e tirando fotos, ouço uma bonita voz de barítono cantando uma canção espanhola logo atrás de mim. Viro-me para ver quem está emitindo as belas notas que, depois de alguns minutos sendo entonadas no meu encalço, me dão a clara sensação de que quem o faz está querendo chamar a minha atenção. Deparo-me com dois senhores de meia-idade, que sorriem para mim com ares de travessura. Um deles é garboso, de nobre estatura, com os cabelos levemente grisalhos nas laterais e reluzentes de gomalina, veste-se de forma muito elegante e intuitivamente presumo ser ele o dono da rouquenha e melíflua voz. O outro é baixo e anafado, cultiva um bigodinho lustroso e bem-aparado sob o nariz abatatado, e uma boina preta, estrategicamente enviesada na cabeça, faz com que pareça uma caricatura de um pintor francês. Sorrio para a dupla, que olha para minhas sandálias com os dedos de fora achando graça.

"*Non tienes frío?*", perguntam, apontando para minha suposta violação do código de vestimenta.

"*Si, mucho*, ma*S míoS* têni*S* de caminhada e*S*tão *mucho mojadoS*", respondo, pronunciando o fonema /s/ de cada palavra entre os dentes, com exagerado sibilar, pois acreditava — sabe-se lá por que cargas d'águas — que se falasse com a língua presa conseguiria impor maior regionalismo e autenticidade ao meu portunhol.

Perguntam-me de onde sou e, quando digo que sou brasileira, dizem que sou "*muy guapa*". Noto que, invariavelmente, quando revelo a minha nacionalidade para um espanhol, a constatação vem acompanhada destas duas palavras. Talvez deva facilitar as coisas daqui para frente, e assim, quando algum *hombre* ou *muchacho* perguntar a minha nacionalidade, direi que sou *brasileña muy guapa*. Convidam-me para um café para aquecer os dedos

dos pés. Sério? Como estamos em frente a um simpático bar e eu, de fato, estou com as extremidades congeladas, aceito o convite de prontidão. O senhor elegante com a voz de barítono se chama Juan Miguel Janda e o outro, Antonio Velasco Torres del Rio. Ambos são verdadeiramente adoráveis. Falam muito, se atropelam o tempo todo, riem de tudo o que o outro fala, como se fossem claques contratadas, e o que é pior, de tudo que eles próprios falam, mesmo que o que tenha sido dito seja um comentário banal ou neutro. Até mesmo uma oração de três palavras é seguida de uma pseudorrisada: "Olha esse amendoim". *Hahahahaha*. Embora admita que minha associação tenha sido um tanto quanto clicherizada, o homem com a boina de feltro preta é de fato um artista. Afinal, alguém já viu um analista de sistemas de boina e bigodinho? Durante nossa conversa, fico sabendo que o Sr. Velasco Torres del Rio, além de músico, também é pintor. Quando revelo ser atriz, isso encanta o homenzinho que diz que, agora mais do que nunca, faz questão de me levar para conhecer o seu *"palacio"*. Percebendo minha leve hesitação diante do seu convite, apressa-se em explicar que esse é o vocábulo que usa para se referir ao lugar onde cria sua arte.

"O Antonio nunca mente!", diz o amigo que, obviamente achando essa constatação a coisa mais engraçada jamais proferida, solta uma gargalhada sísmica que faz com que quase engasgue sozinho. Apesar de Juan, como sugere o nome, ser galanteador e falar com uma proximidade desnecessária até mesmo para deficientes auditivos, sinto que é tão inofensivo quanto o mavioso amigo.

"Ele é casado!", diz Antonio, praticamente bolinando o bigode em busca de restos de amendoim. Tenho vontade de rir quando ele diz isso, pois não faz a menor tentativa de esconder do amigo que acredita ser ele o único responsável pela minha relutância em visitar o seu *palacio*. Na verdade, estou bastante curiosa para conhecer o ateliê do artista espanhol, portanto, depois de fazer uma avaliação intuitiva da situação e chegar à conclusão de que não há perigo, digo ao homem — que funga como um buldogue francês contrariado — que será um prazer conhecer o seu *palacio*. Só falta abanar o rabo. E assim, depois de garantir aos dois que não precisavam embalar os meus pés expostos com guardanapos de papel — *hahahaha* — deixamos o café e seguimos juntos até o refúgio criativo do Sr. Velasco Torres del Rio. Durante o percurso, Juan Miguel recebe uma breve ligação e logo se despede dizendo que vai ao encontro da família que está esperando por ele num bar para um aperitivo. Andamos por aproximadamente mais quinze minutos até chegarmos diante da incomum fachada da pequena, porém pitoresca, casa. Fico de queixo caído. Belíssimos vitrais coloridos e figurativos decoram as longas janelas, com arcos no topo, típicas das estruturas eclesiásticas góticas. Uma emblemática figura de cavalo, fundida em metal, adorna a imponente porta cinza-chumbo, e acima, cravado na sólida parede de granito escuro, o brasão com o nobre nome da família Velasco, motivo de orgulho para Antonio, que abre um sorriso tão largo diante da minha admiração que praticamente desaparece por detrás da própria arcada dentária. Ao abrir a pesada porta, deixo escapar um genuíno suspiro de espanto. Centenas de objetos de arte ocupam cada espaço do interior do ateliê. As paredes ostentam fotos antigas de seus ancestrais, além de inúmeros quadros cujas molduras quase se tocam, aquarelas e óleos de diferentes tamanhos. Tapetes orientais, antigos e valiosos, enriquecem o assoalho de madeira, dezenas deles, sobrepondo-se uns aos outros: tapetes persas com motivos florais; tapetes turcomanos com intrincados desenhos geométricos e, no centro, um deslumbrante tapete marroquino em *patchwork*. Enfileirados ordenadamente nas prateleiras de uma estante, que se estende do soalho até o teto, estão dezenas de livros, muitos deles raros, encadernados em material nobre, os títulos artisticamente gravados em ouro nas lombadas. Nichos entupidos de bibelôs e outros pequenos objetos de prata; estátuas de mármore representando figuras mitológicas; esculturas antropomórficas em bronze. Onde quer que meus olhos alcancem há um objeto sublime, precioso e único, harmoniosamente entulhado dentro do *palacio* de Antonio. Cada objeto tem uma história cuidadosamente tecida pelo artista, que me dá detalhes sobre sua origem, sempre contextualizada dentro da história da Espanha ou de Santo Domingo de la Calzada. A luz âmbar que se infiltra pelos vitrais coloridos, banhando de forma difusa o aposento, confere ainda maior autenticidade ao ateliê que pertence à sua família há mais de dois séculos. No segundo andar, uma espécie de mezanino, Antonio orgulhosamente me mostra o elegante órgão clássico Roland onde compõe sua música. Dedilha uma melodia nas teclas com uma febricitante corrida de mãos e um sorriso maroto nos lábios. É um som possante, um retumbe sacro, que fala diretamente ao coração. E finalmente, ainda no mesmo pavimento, descortina um complexo e inacabado painel de mosaico no qual, segundo ele, vem trabalhando há mais de três meses. A composição, feita com fragmentos de vidro colorido e azulejos com filetes de ouro, retrata um deslumbrante pavão ao centro, com as penas da extravagante cauda, fechada e em perfil, compostas por uma profusão de arabescos faiscantes e estilizados, que parecem flutuar contra o fundo verde-esmeralda e azul-hortênsia da esplendorosa arte musiva. Sou verdadeiramente grata ao multifacetado Sr. Velasco Torres del Rio por ter compartilhado comigo a sua mestria, e ele, por sua vez, demonstra entusiasmo com minha receptividade. Diz que quer me mostrar mais da arte e da terra ibérica. Adoraria que eu conhecesse um povoado a quatorze quilômetros dali, no dia seguinte. É visível a honradez que sente por ser não só artista mas também espanhol. Digo que nós peregrinos só temos direito a um pernoite em cada albergue, e assim, muito provavelmente deixaria Santo Domingo de la Calzada pela manhã.

"Mas isso se resolve facilmente", diz, jogando os braços para cima num momento eureca. "Você fica aqui!"

Embora ele passasse a maior parte do tempo no ateliê, na verdade não morava ali. Tinha um apartamento, não muito longe, onde guardava suas roupas, tomava banho e dormia. Portanto, eu poderia ficar no seu *palacio*, com maior privacidade, pelo tempo que quisesse. Isso me daria a oportunidade de explorar melhor essa belíssima e rica região da Espanha, sem ter que gastar dinheiro com hotéis. De que matéria é feita gente como Antonio? Como é que alguém podia confiar as chaves do lugar que considerava seu santuário pessoal, repleto de obras de arte e peças de valor, a uma total estranha, alguém que conhecera há pouco mais de uma hora? Que generosidade é essa que nada espera em troca? Ou será que a máxima de que inexiste "almoço grátis" seria observada, num segundo momento, aqui também? Antonio tira a boina revelando uma massa de cabelo castanho ralo e suarento. Seus olhos brilham como os de um gato diante do movimento buliçoso de um espanador enquanto espera que me pronuncie. A ingenuidade que dele dimana é quase infantil e, com certeza, a sua oferta brota de um coração puro. Mesmo acreditando, com o meu inerente cinismo, que pessoas dotadas de verdadeiro espírito altruísta sejam raras, evidentemente há exceções: para seres humanos como o Sr. Velasco del Torres o aforismo não se aplica e é possível sim, que haja o tal "almoço grátis", sem que eu necessariamente seja a sobremesa. Digo a ele que seria um prazer aceitar tamanha hospitalidade, mas como desta vez tinha vindo à Espanha com o intuito, quase que exclusivo, de percorrer o Caminho de Santiago de Compostela, teria que recusar o convite. Então, a fim de brindarmos ao sucesso da minha jornada, sugere irmos ao seu bar favorito, o mesmo em que se encontram Juan Miguel e sua família. Ao nos ver logo à entrada, o donairoso senhor corre até a porta do estabelecimento, com um enorme sorriso para nos recepcionar. Apresenta-me à sua esposa, uma simpática mulher bastante maquiada, com destaque para a hipnótica sombra azul royal, cabelo armado e repicado, estilo *glam metal* dos anos 80; depois aos dois filhos, idênticos entre si e versões mais jovens do pai, demonstrando que, mesmo que fosse possível Juan Miguel reproduzir-se sexualmente com uma capivara, haveria sempre apenas uma única fôrma que replicaria, como cópia carbono, suas características físicas em qualquer organismo sendo gerado, mesmo que este fosse um mamífero roedor e de quatro patas; por último, apresenta-me a Thor, o *pet* da família, um Sharpei tão enrugado que tenho dificuldade para entender onde está a frente e onde está o verso do animal. O cachorro parece gostar de mim e deita a cabeça sobre os meus pés, para delírio de Juan, que nos revela — fazendo um enorme esforço para não morrer com o próprio riso espasmódico que lhe tira o ar — que havia passado a tarde toda em nossa ausência treinando o animal para aquecer-me os pés expostos nas sandálias. Fazemos um brinde ao Thor, à esquentação dos meus dedos e à minha chegada a Santiago. Pablo — Pablito para os íntimos — o clone mais velho de Juan, me convida para conhecer São Sebastião, cidade no País Basco onde mora atualmente e que com certeza irei amar. Poderíamos passar o dia seguinte, um domingo, passeando pelas ruas do antigo centro histórico ou apenas caminhando pela orla da Praia da Concha, que é, segundo ele, uma das praias urbanas mais famosas do país. Pela foto que Pablito me mostra no celular, a praia, situada na

Baía homônima e em formato de meia-lua, me lembra a Baía de Guanabara, obviamente sem o cocô e os urubus. Claro, poderia ficar na sua casa, "como não?", caso quisesse. Em pouco mais de uma hora no bar, coleciono convites feitos por outros clientes ali, todos igualmente calorosos e afáveis, para conhecer pelo menos dezenove cidades, todas supostamente incríveis, além de poder escolher entre várias casas, um trailer, um castelo e um celeiro como opções de pernoite durante minha estadia por aquelas bandas. Na hora de me despedir, insistem em não aceitar que pague nada. Sou uma convidada ali e querem contribuir para a lembrança da generosa hospitalidade espanhola. De fato, jamais esquecerei a acolhida que tive daquelas pessoas, além da experiência de ter passado uma tarde genuinamente local. Abraço todos ali com sinceridade, um por um, e por fim agacho-me para me despedir do quadrúpede em pata de igualdade. Envolvo meus braços ao redor da sua pelanca pescoçal: "Tchau, Thorzinho!". Ele me aplica uma lambida molhada e quente na orelha direita, deixando ali um resíduo de baba visguenta e malcheirosa.

Caminho de volta ao albergue em estado de êxtase. Logo à entrada, encontro com Winnie, como de hábito, na prazerosa companhia de um cigarrinho. Ela quer saber por onde andara a tarde toda. Quando narro a ela as minhas aventuras com o artista espanhol e seu palácio de arte, o elegante barítono e sua adorável família, Thor-a-pantufa-canina e os inúmeros brindes à minha caminhada no simpático bar, ela sorri e diz que cada um recebe do Caminho aquilo que merece. É a segunda vez que alguém me diz isso.

Juan e Alejandro, que estão comendo sentados em torno de uma das mesas coletivas do grande salão, acenam para mim. Sento-me com eles para saber como passaram o dia. Não me oferecem nada, embora o farnel diante deles desse para temporariamente erradicar a fome na Somália. Juan me conta que quando cruzara os Pirineus, ainda na França, até Roncesvalles, na Espanha, havia recolhido dezenas de lesmas na trilha e as colocado dentro de um saco plástico, adicionando sal sobre os moluscos ainda vivos. As lesmas podem ser vistas em boa parte do trajeto e, de certa forma, são elementos incorporados à paisagem do Caminho. Já tinha visto peregrinos espirituosamente lhes desejando um *Buen Camino* e outros ainda encorajando as lesmas lerdas a não desanimarem, pois, como já diz o ditado, "devagar, devagar se vai ao longe". Confesso que fico um pouco chocada com a ideia de alguém caminhar com dezenas de gigantescas lesmas vivas dentro de um saco plástico e, ainda por cima, cobri-las com sal. Como elas não têm o corpo protegido por pele estratificada, contanto apenas com uma camada unicelular, fina e permeável, rapidamente absorvem a substância salina, desidratando-se e "derretendo", devido a um processo químico chamado osmose. Em outras palavras, mesmo sendo invertebrado e pequeno, o animal sofre e eu não gostaria de saber que esse processo todo se dá com elas morrendo desidratadas nas minhas costas enquanto caminho. Quero saber se pelo menos ele tinha a intenção de comê-las, pois embora nem sempre seja fácil aceitar os hábitos alimentares de cada cultura, sob um ponto de vista antropológico é um equívoco condená-los. Na África, por exemplo, algumas tribos comem ratos, e a dificuldade na captura da presa é o que torna o absolutamente asqueroso rato uma iguaria tão especial para eles, assim como caçar trufas na Itália. Na Finlândia se come carne de tubarão putrefata, uma herança dos Vikings; os chineses comem cachorro, escorpião e também pênis de touro, uma espécie de Viagra oriental; os franceses comem sapo, os vietnamitas comem gato; nós comemos vaca, os hindus não. Então, quem sou eu para dizer que o escocês não deveria comer as lesmas cruas com uma pitada de sal. Diz que achava que fossem *escargots* e que, sim, planejava comê-las fritas quando chegasse ao albergue. No entanto, tinha conhecido Miriam, uma peregrina espanhola e ecochata vegana, segundo ele, que, depois de uma ferrenha campanha com o slogan "Liberte as Lesmas", conseguiu convencê-lo a devolver os moluscos ao Caminho. Uma vez em liberdade, foram incentivadas por Miriam a andar a terra e a procriar. Mas, infelizmente, em sua grande maioria, estavam já mortas ou moribundas. Juan, cujo verdadeiro nome eu descubro ser John, teve suas roupas, tecnológicas e caras, roubadas do varal naquela mesma noite. Estranhamente, só as dele haviam sido furtadas. Acaso? Winnie provavelmente diria que ele estava recebendo do Caminho aquilo que merecia. Por outro lado, Alejandro, que é a bondade em pessoa, terá que interromper sua jornada devido a um inchaço no tornozelo do tamanho de uma bola de golfe. Não consigo acreditar que o jovem diante de mim, com um profundo sentimento de derrota estampado no rosto, seja merecedor de um desfecho assim. Talvez ele precise seguir até Compostela sem Juan, companheiro de jornada que tinha conhecido no primeiro dia de caminhada. Algo me diz que ele se recuperará e, longe do escocês, conseguirá retomar sua peregrinação, chegando com êxito a Santiago de Compostela.

    Durante a conversa, John Juan deixa claro que detesta os franceses e alemães, além de se referir de forma ofensiva e pejorativa ao grande número de idosos presentes no Caminho. Vangloria-se de ter conseguido clamar a cama de cima de um beliche antes de um velhote que aparentemente queria a mesma cama, pois assim não teria que aturá-lo roncando sobre sua cabeça a noite inteira. Até o momento, eu não havia cruzado com ninguém no Caminho com uma disposição de espírito tão negativa acerca de tudo quanto Juan. Diz que não consegue dormir por causa dos roncos e está visivelmente irritadiço devido à privação de sono. Dou-lhe um dos meus comprimidos de Rivotril — resquício da minha fase tarja-preta — trazidos para uma emergência, para quem sabe com uma noite bem dormida, ele consiga transparecer um lado um pouco menos refluxo biliar da sua personalidade. Quando digo que vou a um supermercado para comprar algo para jantar, o "*hater*" anuncia que vem junto. Assim que entramos na pequena mercearia, ele desaparece por um dos corredores estreitos e amontoados de produtos, reaparecendo alguns minutos depois com um queijo para *ele*, uma garrafa de vinho para *ele* e um chocolate para *ele*. Um pouco aborrecida, sigo o exemplo e pego um queijo para *mim* e uma garrafa de vinho todinha para **MIM**. Não encontro pão integral e ele me diz que sabe de um supermercado, ali perto, que vende pães diversos. Penso que me fará companhia, mas ele apenas aponta a direção certa e se despede, dizendo que irá voltar para o albergue. Não há uma única atitude desse rapaz que não esteja intrinsicamente voltada para o seu próprio umbigo. Encontro o lugar indicado e escolho um pão integral com cereais, bastante pesado, e algumas frutas. Depois de registrar as compras, a caixa, uma mulher de cabelos pretos sebosos, marcas de acne que lhe esburacam a pele, e unhas pintadas de laranja tão longas que mais parecem esquis, lança um olhar inquisitivo para a sacola que estou segurando no braço. Com um tom agressivo, quer saber o que há dentro. A insinuação desperta a curiosidade das pessoas no estabelecimento, que se viram para olhar. Muito a contragosto revelo o queijo e o vinho, ambos comprados na venda anterior com o John Juan. Ela aponta para o vinho e fica bradando que aquele mesmo vinho está à venda ali, e assim, exige um recibo como prova. Estou malvestida e sinto o mesmo preconceito e constrangimento que milhões de pessoas de minorias ou baixo poder aquisitivo devem sentir, todos os dias, no mundo inteiro. Tento explicar a procedência do vinho, mas a humilhação da situação faz com que o meu portunhol desapareça por completo e, em minha defesa, consigo apenas balbuciar sons de inocência. Com dedos trêmulos, remexo em minha bolsa, mas não sei se ainda tenho o recibo. Vou tirando o lixo acumulado de dentro da bolsa para não sujar o Caminho, e isso só faz aumentar o prazer sádico da mulher, que sorri com desdém, a gosminha branca retida nos cantos da boca conferindo-lhe ainda maior malevolência. Finalmente encontro o comprovante de pagamento. Sinto a raiva queimando dentro de mim, agora quem sorri com desprezo sou eu. Triunfantemente, sacudo o pequeno papel amarfanhado no ar por alguns segundos, antes de jogá-lo de forma agressiva na sua direção. O recibo embica e cai no chão em espiral como se fosse um avião de papel malfeito. Subitamente me vem à cabeça a lembrança do taxista gordo no Rio de Janeiro, com o rego cabeludo à mostra, enquanto catava o dinheiro no asfalto. Decido que não vou dar esse gostinho a ela. Se quiser, ela que se abaixe para pegar a prova. Por alguns segundos nos encaramos com brasas nos olhos. Sei que ela também não se curvará diante de mim. Com truculência, ela me joga de volta uma sacola de plástico e o troco. Não há um pedido de desculpas. Tenho vontade de insultá-la, sim, de pegar pesado, de chamá-la de cara de Chokito arrombada, mesmo sabendo que chamar alguém com severa cicatriz de acne de cara de Chokito arrombada é ter a inteligência emocional de uma ameba. De qualquer maneira, ela provavelmente não entenderia meu insulto, já que não deve existir Chokito na Espanha. Certo, certo, chamar gordo de gordo como forma de ofensa também é golpe baixo, mas ninguém é coerente quando se está integralmente alcoolizado. Empacoto o pão e as frutas, sem pressa, dando tempo ao meu cérebro para a raiva esfriar. Antes de deixar o mercado, olho bem lá no fundo dos seus olhos e digo:

"Eu vim ao seu país numa busca espiritual e, portanto, não faria o menor sentido eu roubar uma garrafa de vinho de cinco euros". Sei que ela entendeu, pois vejo algumas pessoas balançando a cabeça em sinal de concordância. Estavam todas visivelmente incomodadas com o comportamento hostil da conterrânea.

Durante a noite não consigo dormir, tenho um episódio de insônia aguda. Depois de algumas horas virando de um lado para o outro na cama, tipo fritando, esperando em vão o sono chegar, decido ir até o salão principal em busca de um lugar onde pudesse ao menos fugir dos roncos alheios, que estavam começando a me levar às raias da loucura. Para minha surpresa, vários outros peregrinos — que obviamente tiveram a mesma brilhante ideia que eu — estão espalhados pelos sofás do amplo aposento. Encontro uma poltrona de couro marrom que, embora seja grande, me obriga a executar movimentos acrobáticos e manobras contorcionistas até conseguir encontrar uma posição sofrível para dormir. Curiosamente este albergue, o mais luxuoso em que havia ficado até então, me proporcionou a noite mais mal dormida. Se eu fosse uma personagem dentro de um universo literário que explorasse a dualidade entre o bem e o mal, John Juan, com certeza, seria a personificação do mal no enredo: as lesmas estavam mortas; ladrões haviam roubado suas roupas; Alejandro estava lesionado e fora do Caminho; e eu havia passado por um momento extremamente constrangedor e desagradável no supermercado, além de ter sido acometida por uma terrível crise de insônia, exatamente no dia em que o conhecera. Coincidência ou não, o fato é que a sua energia era pesada e eu o queria fora do meu Caminho.

25/04 (dia 10)
Santo Domingo a Belorado - 22,7 km

Um grande número de peregrinos no albergue se levanta excepcionalmente cedo, acendendo as luzes e produzindo uma infinidade de ruídos enervantes. Sou forçada a desadormecer na marra. De acordo com meu relógio, não tinha dormido muito mais do que duas horas, retorcida como um pretzel naquela poltrona. Sinto-me quebrantada e irritadiça. Pela grande janela do salão, constato que uma fina garoa cai lá fora, afugentando qualquer desejo meu de caminhar, na verdade, de fazer qualquer coisa que não seja brincar de morta. Fumo um cigarro à porta do albergue tentando retardar ao máximo o início da minha jornada. A experiência do dia anterior tinha deixado claro que meus tênis, embora levíssimos, não eram à prova d'água, e a última coisa que eu quero no momento é encarar a longa caminhada com pés anfibióticos. Nos cinco anos em que morei em Nova York, frequentemente via mendigos com sacolas plásticas em volta dos pés para isolá-los contra o frio e a chuva. Assim, sem alternativa melhor, faço o mesmo. No melhor estilo mendiga, amarro duas sacolas plásticas de supermercado em volta de cada pé, por cima das meias, torcendo para não esbarrar com a caixa preconceituosa, que no mínimo iria achar que eu estava escondendo algum queijo furtado ali.

Depois de algum tempo andando a passos lentos, vejo uma enorme placa demarcando o limite da comunidade autônoma da Espanha, Castilla y Leon. Já tinha atravessado as regiões de Navarra e Rioja, e agora daria início à terceira e mais extensa região do Caminho. Embora o tempo continuasse fechado, a chuva tinha dado uma trégua há algum tempo e, depois de quase quinze quilômetros percorridos, começo a sentir bastante calor. Os sacos plásticos estão provocando um verdadeiro suadouro nos meus pés, provando que a gambiarra dos sem-teto nova-iorquinos realmente funciona. Sento-me à beira da estrada para retirá-los e, nesse exato momento, sou surpreendida por Ivone, que tem um acesso de riso quando vê meus pés fazendo publicidade gratuita para um supermercado local. Ela tira uma fotografia e diz que essa seria uma boa maneira de um peregrino conseguir patrocínio para sua caminhada. Seguimos juntas até Belorado, pequeno município onde planejávamos concluir a etapa de hoje. Decidimos procurar por um albergue privado, com quartos menores e menos pessoas, pois ela também tinha dormido mal na véspera e ansiava por uma noite tranquila, sem roncos, de sono realmente reparador. Passamos pelo albergue municipal, mas como suspeitamos, suas instalações acomodam um número bem maior de pessoas do que desejamos se realmente quisermos pôr em prática nosso plano de atingir o sono REM esta noite. Do lado de fora, encontramos com Anne Mette, a enfermeira dinamarquesa, que se junta a nós em apoio à causa Soninho Merecido. Um pouco perdidas, ziguezagueamos pelas ruas do pequeno município de Belorado, mas como é domingo, não há ninguém nas ruas para pedirmos informação e o lugar tem ares de cidade fantasma. Finalmente vejo uma placa indicando um albergue. À porta, um homem fuma um cigarro e olha em nossa direção com certo ar de enfado. Dirijo-me a ele e pergunto qual é a capacidade do dormitório. Ele diz que o quarto acomoda vinte pessoas e que ainda há algumas camas disponíveis. Nós nos entreolhamos e, sem a necessidade de verbalizar nada, concordamos que continuaríamos a procurar outro lugar para passar a noite. Agradeço gentilmente, dizendo que não vamos ficar. O homem de estatura mediana, cabelos escuros, entradas proeminentes na testa alta e abobadada, vestido com um suéter marrom com padrões de losango, pergunta de onde sou. Quando revelo minha origem, ele abre um enorme sorriso, dizendo que é fã do futebol brasileiro, do Ronaldo e que, para ele, Pelé sempre seria maior que o Maradona. Logo viu que eu não poderia ser alemã — o que na verdade nenhuma de nós era — porque, segundo ele, eu sou *muy simpática* e *muy guapa*. Quer saber por que não pernoitaremos ali e quando digo que queremos um quarto menor, com menos peregrinos, pois estamos todas precisando de uma noite bem dormida, o homem, que se chama Nicolás e se identifica como o hospitaleiro do albergue, me diz que pelo futebol brasileiro nos daria um quarto privado, com banheiro, por apenas três euros cada.

"*Muchas gracias!*", digo, segurando o ímpeto de lhe tascar um beijo na fronte lustrosa em agradecimento, pois além de *muy simpática* e *muy guapa*, não queria também ser considerada pelo cordial hospitaleiro como *muy "safadita"*.

Penduramos nossas roupas úmidas em varais que improvisamos entre os dois beliches e as meias e roupas íntimas já lavadas, nas maçanetas das janelas. Em poucos minutos o quarto parece um acampamento de refugiados. Sem bater, Nico, como prefere ser chamado, entra dizendo que vai ligar o aquecedor, pois não quer que sua hóspede brasileira sinta *frrrrrio*. Tomo um banho absurdamente quente para ver se consigo salvar os dedos congelados das mãos e dos pés que tinham adquirido uma coloração azulada. Felizmente a água fervente faz com que o sangue volte a circular e quando saio do banho tenho os vinte dedos rosados e reluzentes, embora no processo a elevada temperatura também tenha removido a camada manto-lipídica da minha pele, deixando-a ressequida e broxantemente craquelada. O quarto, bagunçado e aconchegante, agora também se encontrava confortavelmente aquecido. De nossas respectivas camas, conversamos animadamente, como se fôssemos todas as mais novas melhores amigas de infância, a atmosfera recriada ali entre nós fazendo-me lembrar das viagens escolares que fiz na quinta, sexta e sétima séries do ginásio. Quando as duas falam dinamarquês entre si, presto atenção à complexa fonologia da língua, da qual não entendo uma única palavra. A sonoridade das palavras, sílabas e fonemas é gutural, dura, com vogais intermináveis e interrupções abruptas. Começo a reproduzir a sonância que me chega aos ouvidos, fazendo com que ambas riam alto. E, embora reconheçam um grau de verdade na minha jocosa imitação, defendem com unhas e dentes o idioma que, no fundo, acreditam ser muito bonito. Ok, talvez não seja exatamente feio, mas decididamente não é uma língua sexy, contra-argumento. E assim, como que para provar meu ponto de vista, simulo uma sedução em dinamarquês. Começo a falar em gromelô: é uma língua inventada, estrambótica; uma fala jambrisguílida, ritmiquélica. Capricho no tom sensual. Emito uma sequência de vogais deformadas; solto guinchos agudos; rolo dentro do meu saco de dormir de forma histriônica, enquanto vou intensificando minha comunicação de grunhidos nórdicos... Nico adentra o quarto sem bater pela segunda vez, só que desta vez ele para na porta, um pouco atônito diante da nossa cena: eu estou no chão, enroscada dentro do meu saco de dormir de anão e, totalmente alheia à sua presença no cômodo, continuo a investir na minha emissão de sons erótico-suínos; Ana Mette, com o meu cajado de pau torto em punho, simula o abatimento sanguinolento do animal de roncos guturais dentro do saco; e Ivone, que está sentada no beliche de baixo, parcialmente encoberta pelas toalhas estendidas no varal improvisado, embora não participe diretamente da ação, tem a barriga tremelicando freneticamente para cima e para baixo, demonstrando que do outro lado da sua fortificação ela está se rachando de rir. O hospitaleiro está intrigado, parece querer entender o que se passa ali, porém nada fala, apenas pergunta se iremos jantar no albergue. Seu filho é o *chef* e, segundo ele, a comida é excelente. Depois de nossa resposta afirmativa, ele sai dizendo que o restaurante fica no mesmo corredor, na porta ao lado da nossa "suíte presidencial". Assim que a porta bate, explodimos numa gargalhada histérica, não só pelo nosso comportamento esdrúxulo, mas também pela total falta de cerimônia do nosso adorável hospitaleiro, que parece achar absolutamente normal entrar sem bater em um quarto onde três mulheres adultas estão hospedadas.

Às sete da noite calçamos as nossas melhores meias e, de chinelos, seguimos alguns metros adiante no corredor para jantar na porta ao lado. A comida, de fato bastante saborosa, é uma agradável surpresa para nós e, depois de congratularmos o orgulhoso *chef* que vem até nossa mesa para saber se estávamos satisfeitas e de tomarmos um licor — por conta da casa — com direito a um brinde ao Ronaldo e ao Pelé, voltamos ao nosso quarto para, enfim, embarcarmos nas profundezas do nosso tão sonhado sono REM.

26/04 (dia 11)
Belorado a San Juan de Ortega – 23,7 km

Acordamos tarde e, depois de mais de dez horas de sono, temos todas as três os rostos vincados e as pálpebras inchadas, além daquele olhar imbecilizado de quem dormiu demais. Lentamente, desmontamos nosso acampamento, dobrando, ensacando, acondicionando e descartando, até que os vestígios de nossa presença ali se tornam praticamente invisíveis a olho nu. Na saída, encontramos o Nico, de quem nos despedimos com um abraço e sinceros agradecimentos pela calorosa hospitalidade recebida.

Saímos em busca de um bar para fazer o desjejum e, logo adiante, encontramos um onde a névoa de fumaça produzida pelos cigarros acesos é menos densa. Ocupamos uma mesa de frente para um enorme janelão com vista para a simpática e ensolarada praça. Há um casal sentado à mesa ao lado e naturalmente iniciamos uma conversa. Pergunto se são alemães e, em uníssono, me respondem que são austríacos. Parecem levemente ofendidos diante da minha premissa, dizendo que há uma enorme diferença entre os dois países, caso eu não saiba, e sentem um enorme orgulho do seu país natal, me esclarece a mulher, enquanto puxa de um canudo um suco de laranja de preço exorbitante. Fico calada com receio de que, de pé, se pusessem a cantar o hino nacional da Áustria, caso eu dissesse mais alguma coisa. No Caminho, as pessoas acham que eu sou alemã por causa dos cabelos cor de palha, inglesa quando abro a boca, italiana quando estou em companhia de italianos, e latina quando eu caminho, por causa do andar gingado. E, embora nunca ninguém tenha acertado a minha nacionalidade, eu nunca me senti injuriada por isso. Parece-me que você precisa julgar a sua nação superior a outra para se sentir ofendido quando tem a nacionalidade confundida, e como os brasileiros sofrem do complexo de vira-lata, expressão cunhada pelo genial Nelson Rodrigues — que diz que o brasileiro é um narciso às avessas, que cospe na própria imagem —, eu diria que o nosso patriotismo, ou comoção nacional, é exacerbado de forma mais explícita apenas na Copa do Mundo, no carnaval e quando nos apresentamos no exterior. Alegando ter esquecido o carregador da câmera no albergue, digo a Ivone e Ana Mette para prosseguirem sem mim. A verdade, no entanto, é que anseio por um pouco de solidão.

Este trecho inicial é cheio de morros verdejantes que seguem paralelos à trilha, além de povoados, pequenos e charmosos, que tornam a jornada ainda mais cativante. O sol tépido de abril finalmente brilha no céu, tornando a temperatura bem mais agradável e propícia para a caminhada do que nos dois dias anteriores. Estou revigorada após a noite bem dormida e de excelente humor, algo que infelizmente também tem seu lado negativo: eu costumo cantar quando estou bem-disposta. Bem-mal. Assim, sem a menor vontade de contradizer o meu cérebro programado — que detectando o gatilho padrão, dispara um comando me informando que "agora é hora daquele hábito" — começo a cantar a plenos pulmões. Com uma voz semelhante ao som dos gansos, sem modulação ou afinação, canto fragmentos de músicas do meu parco repertório, cujas letras não conheço nenhuma do início ao fim. As ondas sonoras emitidas pela minha boca se propagam no ar, esfericamente, em todas as direções, o vento forte distorcendo-as ainda mais — se é que isso é possível — até encontrarem em sua propagação um obstáculo, que sinceramente espero que não seja outra orelha humana. *"The answer my friend is blowing in the wind, the answer is blowing in the wiiind!"* E nesse momento, como se fosse uma resposta do universo ao refrão da música do Bob Dylan que eu esgoelava, o vento sopra uma rajada tão intensa que sou forçada a colocar o capuz da jaqueta para proteger o rosto, embora o dia estivesse gloriosamente ensolarado. Aperto bem o laço em volta do pescoço, deixando apenas os olhos de fora. O vento açoita o nylon, produzindo um som estrepitante nos meus ouvidos, enquanto os pelinhos ao redor do capuz agitam-se em ritmo frenético no meu campo de visão. Protegida e agasalhada dentro da minha jaqueta, com apenas as cavidades oculares expostas — tal qual uma marmota que, de dentro de sua toca subterrânea, espia o mundo lá fora —, sinto-me estranhamente bem. Esta sensação física que sinto é difícil de descrever e, mesmo que conseguisse encontrar todas as palavras certas para tal, as respostas fisiológicas do corpo a estímulos externos é algo tão singular — visto que cada um de nós tem um mecanismo perceptivo através do qual assimilamos a realidade — que seria quase impossível alguém interpretar os estímulos sensoriais que estava recebendo agora do ambiente externo da mesma forma que eu. No caso, essa deliciosa sensação de amparo e aconchego que sentia, "entocada" dentro da minha jaqueta de frio, divisando o mundo por uma pequena brecha na fibra sintética.

O caminho percorrido, na verdade, é apenas um caminho, mas ele se torna *o caminho* por causa do sentido que lhe é atribuído pelos milhões de peregrinos que por ali passaram e continuam passando desde a Idade Média. Mas como hoje me conectei com minha marmota interior, eu só vejo a trilha desprovida de qualquer metafísica. Sigo quilômetros apenas observando a cadência rítmica dos meus passos, até que nada mais existe além da locomoção em si.

Mais adiante, avisto um ponto vermelho a distância, junto a fardos de feno empilhados em quadrados perfeitos. Aponto o poderoso zoom da câmera na direção do ponto e distingo um senhor sentado à sombra da gigantesca pilha, lendo um livro, absolutamente sereno e absorto em sua atividade. Eu grito de longe, acenando, e através da teleobjetiva vejo o exato momento em que ele abre um largo sorriso na minha direção e acena de volta. Decido seguir o exemplo, e assim, no próximo monte livre que encontro, eu tiro a mochila das costas e me reclino contra o feno morno para descansar. Vou enfiando castanhas para dentro do capuz, uma a uma, sem pressa, enquanto as nuvens, bocados densos de algodão branco, deslizam pelo céu de anil, numa movimentação que me enche de quietude. Não sei quanto tempo permaneço ali, ouvindo a delicada melodia do silêncio, o som sagrado do vento me ancorando como um mantra, o calor emanado do feno aquecendo a minha existência. Sou invadida por uma enorme paz interior. Estou totalmente imóvel, apenas respiro, lentamente, profundamente, até que sou parte do feno, sou parte do sol e do vento, estou em comunhão com o Todo. E, mesmo que somente por um breve momento, minha mente está finalmente livre...

Paro na porta de um café, ao ver uma menina estonteantemente bela, com os cabelos negros e reluzentes como petróleo e cílios de pata de caranguejeira. Peço para fotografá-la e, depois do devido consentimento da galega, começo a clicar infrenemente, quando alguém se aproxima por trás de mim e cobre meus olhos com as mãos. Embora ao toque a pele seja macia, com um leve cheiro de cânfora, o tamanho avantajado e a pressão que os dedos exercem contra meu crânio, com uma força um pouco desmedida, indicam que aquelas mãos pertencem a um homem. Ao me virar, eu me deparo com o Ys, que abre um enorme sorriso, genuinamente feliz em me ver. Não nos víamos há três dias e nos abraçamos como velhos amigos. No Caminho as histórias pessoais também caminham, para frente e para trás, portanto é comum ficarmos sabendo sobre o paradeiro, fortunas ou infortúnios daqueles trilhando o mesmo trecho que nós. Eu ficara sabendo que Ys estava algumas cidades à minha frente, mas não tão à frente que impedisse que nossos caminhos se cruzassem novamente. Trocamos nossas experiências sobre os últimos dias, enquanto ele come duas madalenas de forma voraz, deixando um rastro de açúcar nos pelos faciais, e eu tomo um café tão amargo que quase peço para raspar os carboidratos cristalizados desperdiçados no seu queixo para ver se conseguia adoçar um pouco a minha bebida. Seguimos juntos e, passados uns quinze minutos andando, ele me pergunta de forma solidária se estava caminhando em um ritmo confortável para mim. Não tenho coragem de dizer que o seu ritmo — quase em ponto morto para ele — estava me fazendo sentir a famosa "dor de lado", aquela pontada na barriga, logo abaixo das costelas, que sentimos durante um treino intenso que vai além do nosso condicionamento físico. Ambos sabemos que sou lenta demais e que ele logo seguiria sozinho, mas por enquanto fazemos uma concessão pelo simples prazer da companhia um do outro. Quando chegamos a Villafranca Montes de Ocas, o percurso dá início à subida do Alto de la Pedraja, um aclive empinado que chega a uma altitude de 1.150 metros. É hora de nos separarmos. "*Buen camino*, meu amigo!" A subida é bastante árdua e, enquanto vou ascendendo, vagarosamente, o tempo muda sem qualquer aviso. Chego muito próximo das nuvens — agora carregadas e ameaçadoras — que trafegam logo acima numa velocidade tão acelerada, que sinto como se estivesse dentro de um filme em *time-lapse*. Incessantemente, elas vão se interpondo entre o sol e a terra, até encobrirem o céu com um espesso manto cinza--chumbo, prontas a largar seu fardo nas adjacências em que eu me encontrava. Suspiro e tento acelerar, pois não tenho o menor desejo de ter sobre mim o volume torrencial de água que elas prometem despejar. O passo acelerado me deixa hiperventilada e um pouco tonta. Um enorme pingo cai na minha testa, deixando claro que, muito em breve, o pranto da natureza iria inelutavelmente me encharcar as roupas e o espírito. No entanto, para minha tremenda sorte, consigo chegar a um pequeno abrigo com uma placa de informação, quase no topo do morro, e só então o céu finalmente descarrega a sua ira e lamento sobre a terra, uma tempestade primaveril, com tons apocalípticos, transformando o dia em noite. Contemplo aquela força da natureza com um misto de apreensão e fascínio. As descargas elétricas caem atingindo o solo a apenas alguns metros de onde estou. Ouço o aterrorizante crepitar da eletricidade estática antes mesmo de meu coração disparar com cada violento estrondo de trovão que segue. Tenho uma súbita e profunda compreensão da morte, algo que não está na ordem do intelectual. O pensamento intrusivo de morte iminente — uma possibilidade pouco provável ali — seguramente se dava pela perda da minha avó materna, que teve o seu fim prematuro, aos 40 anos de idade, eletrocutada por um cabo de alta tensão rompido durante uma brutal tempestade de verão. No dia em questão, desceu de um coletivo no exato momento em que o cabo, furioso e assassino, colocou-se fatalmente em seu caminho, deixando órfã e marcada aquela que um dia viria a ser minha mãe.

Fico quase uma hora sob a proteção do pequeno e gotejante abrigo e, embora a tormenta tenha finalmente perdido a força, continuo relutante em sair dali e encarar o desalentador chuvisqueiro que ainda teima em cair. Mas é isso ou esperar ficar coberta de mofo e bolor, pois nada indica que ele cessaria em breve, e assim, a contragosto, retomo minha marcha. Em pouco tempo, os pés dentro dos tênis estão ensopados mais uma vez. A certa altura do caminho, passo por um pequeno memorial em homenagem a um peregrino canadense que aparentemente morrera ali. Sinto certa estranheza ao constatar que um peregrino tinha, de fato, perecido a menos de um quilômetro de onde eu havia conjecturado acerca da possibilidade de morrer no Caminho, sozinha e sem amparo. Bem ali, aquele corpo físico tinha dado seus últimos passos na terra. Algo também havia movido aquele homem e, com amarga ironia, penso que o que quer que ele estivesse buscando, havia encontrado como resposta o silêncio eterno. Sem avistar ninguém, caminho durante horas por um bosque de coníferas sem fim, antes de finalmente chegar esfalfada a San Juan de Ortega, uma aldeia composta basicamente por uma única rua, um único bar e um único albergue acoplado a um único e onipresente monastério. Muitos preferem seguir até o próximo vilarejo ou cidade em busca de uma opção um pouco menos precária, embora para mim houvesse algo absolutamente emblemático em pernoitar naquele notável e irreal conjunto patrimonial erguido solitariamente no alto das montanhas. O frio consegue ser ainda mais cortante dentro do albergue de pedra do que do lado de fora, onde o vento sopra gelado e impiedoso. Uma sopa de alho é servida no albergue diariamente às 19:30, logo depois da missa dos peregrinos. Esse secular costume — de o pároco oferecer sopa de alho aos peregrinos que pernoitavam nos abrigos — vinha sendo mantido vivo durante três décadas pelo padre residente José Maria. No entanto, ele havia morrido no ano anterior e, deste modo, havia recaído sobre um jovem voluntário a incumbência de não deixar que a calorosa tradição se extinguisse. Minha cumbuca estirada encontra uma generosa e fumegante concha de sopa que, por sua vez, infelizmente, só encontra o desapontamento das minhas exigentes papilas gustativas. A sopa é tão rala que deixo de lado a pequena colher e começo a sorvê-la, a contragosto, como se fosse um chá de alho recomendado para combater uma gripe. De repente, sinto-me terrivelmente ingrata e mimada, um desconcertante sentimento de culpa se apodera de mim ao imaginar como a simples ingestão do líquido quente deve ter trazido conforto aos homens e mulheres que suportaram a dureza da peregrinação em tempos medievais. Sob os protestos das minhas papilas, peço uma segunda concha de sopa ao voluntário, um jovem magro, de rosto pálido, olhos e cabelos negros, pomo-de-adão saltado, que fica evidentemente gratificado por me servir pela segunda vez. Ele enche minha cumbuca até a borda, com um sorriso de orelha a orelha, expondo os dentes encavalados inesteticamente projetados para fora. Tomo minha segunda porção de sopa rala, desprezando por completo a qualidade sensorial da refeição, e com crescente prazer, sorvo tudo, até a última gota, apreciando-a simplesmente pelo seu inegável valor histórico.

Vou ao único bar do povoado de 26 habitantes e me sento a uma mesa ao lado de uma pequena lareira onde o fogo crepita de forma hipnótica. Dou um gole no vinho pelo qual pagara apenas cinquenta centavos de euro e olho através da janela a noite que cai. O lugar parece não ter sido alterado ou corrompido pelo tempo e é, sem dúvida alguma, o mais próximo que chegarei à experiência que peregrinos tiveram séculos atrás. Começo a conversar com um pequeno grupo de três pessoas que, em pé próximos à minha mesa, tomam cerveja. Emilio, um simpático espanhol relativamente jovem, de cabelos escuros encaracolados, leve barba por fazer, maxilar marcante e um bizarro canino de ouro na boca curvada em um sorriso permanente; Ian, um holandês corpulento de aproximadamente sessenta anos, aspecto selvagem, barba loira e desgrenhada estilo viking; e Amrei, uma senhora alemã bastante magra, estrábica, de gestos nervosos como um passarinho e cabelos levemente grisalhos, com cachos pequenos, parecendo um poodle. Convido-os a se juntarem a mim. Fico sabendo que os três se conheceram no Caminho, mais precisamente em Saint-Jean-Pied-de-Port, ainda na França, e desde então seguem juntos. A alemã e o holandês se comunicam entre si em alemão, língua que o espanhol não entende. Este fala comigo em espanhol, que eu entendo, mas que a alemã e o holandês, não. Emilio, Ian e Amrei formam um trio improvável e esquisito, a dinâmica entre eles mais parece um experimento científico onde um javali, um urso e uma coruja são forçados a conviver algum tempo juntos no mesmo espaço, realizado por biólogos que buscam provar a possibilidade de uma nova comunicação entre espécies diferentes. Ian me diz em inglês — dessa vez, língua que o espanhol e a alemã não entendem — que tanto ele quanto a Amrei fazem o Caminho com o Emilio na esperança de aprenderem espanhol durante a peregrinação até Santiago. Ele emite algumas palavras em uma língua alienígena, numa aparente demonstração da sua conquista linguística nas quase duas semanas em que caminhavam juntos. Como não consigo entender, ele apela para Emilio, o professor, que traduz suas cinco palavras alienígenas de volta para o espanhol, permitindo assim que eu finalmente entenda. A alemã, que apesar do interesse, parece não entender nada de nada, repete as cinco palavras proferidas pelo professor, traduzindo as de volta para o idioma alienígena. O alto nível de hilaridade da situação provoca em mim um enorme desejo de soltar uma gargalhada, mas como não quero ofender ninguém, sou forçada a rir para dentro, sem mexer a boca, como se fosse uma ventríloqua. E como no fundo nada disso importa no Caminho, eu, a marmota, me comunico eloquentemente com o javali, o urso e a coruja, e em pouco tempo formamos um quarteto ainda mais bizarro que o trio original, provando de forma indisputável que a comunicação entre espécies diferentes é possível sim!

Já é tarde quando volto sozinha para o sombrio e pouco acolhedor albergue. Embora todas as janelas estejam cerradas, sinto um misterioso ar gelado soprando por entre as fileiras dos beliches. Enfio-me rapidamente dentro do meu saco de dormir e, depois de muito esforço, consigo finalmente fechar o zíper com as duas pernas acomodadas dentro. Afinal, não há a menor chance de eu dormir com o pé para fora da coberta num ambiente assim fantasmagórico. Permaneço ali no escuro, imóvel, arrotando alho, a respiração levemente acelerada, enquanto ouço estalidos, pequenos ruídos provocados por coisas ou seres que me eram invisíveis. E, embora não acredite em assombração, tomo o meu último Rivotril, só por precaução, antes que minha imaginação comece a ouvir sons de correntes sendo arrastadas por alguma alma penada que, desde a Idade Média, rondava os corredores do antigo albergue de pedra.

26/04 (dia 12)
San Juan de Ortega a Burgos - 23,7 km

Saio na penumbra do amanhecer, fechando a antiga porta do albergue atrás de mim. Do lado de fora, o frio ainda paira no ar e o céu enfarruscado promete mais um dia encoberto, possivelmente com chuva. Desanimadamente eu encosto a testa contra o muro do monastério, sentindo a gelidez e aspereza da pedra. Nessa mesma posição, fico algum tempo olhando para os meus pés dentro das sandálias, tentando decidir se calço os tênis ou não. Antes de embarcar nessa jornada, jamais tivera tanto interesse por eles antes, mas agora, diante dos 30.000 passos em média que dava por dia, minhas extremidades inferiores haviam inevitavelmente alcançado status de órgão vital. De sandálias mesmo, dou o primeiro passo da minha caminhada diária: arranco com o da direita, depois o da esquerda, direita, esquerda, direita, esquerda, sete, oito, nove, dez... Iniciar o dia no Caminho é sempre mais fácil quando o astro-rei desponta preguiçosamente pelo leste e o crepúsculo matutino vai gradativamente revestindo com sua película de cobre e ouro os telhados das casas silenciosas, o barro da estrada e o capim alto dos campos, a paisagem toda finalmente explodindo em matizes de laranja e vermelho. Em dias assim, eu volto a caminhar com a minha gigantesca sombra, os raios flamejantes do sol me aquecendo o espírito, enquanto cruzo por cidades e vilarejos sonolentos. Dias assim sempre me fazem pensar em um cartão de amor que recebi por volta dos doze anos. Na capa do cartão havia o desenho de uma menininha e um gatinho atrás de um estande, ambos com os semblantes tristonhos, tentando vender bolinhos queimados. A imagem de um enorme sol ardente ocupava toda a parte interna do cartão de onde se lia: "Se os seus esforços ainda não foram reconhecidos, não desanime, pois enquanto o Sol dá um de seus mais belos espetáculos, a maioria da plateia está dormindo".

Com o passar dos anos eu não sabia mais dizer de quem era a pequena e ilegível assinatura espremida no canto direito baixo do cartão, do qual nenhum espaço em branco havia sido poupado dos rabiscos de um poeta mirim, declarando o seu amor por mim. O que ele quis dizer com aquele cartão? Eu era, na sua inocência, igual ao sol, uma estrela destinada a brilhar? Ele acreditava que algum dia aquela desmiolada de doze anos teria algum reconhecimento pelos seus esforços? Ou era apenas o cartão mais barato da papelaria? O cartão ainda existe em alguma caixa bolorenta da era pré-digital, onde cartões de aniversário e natal, cartas amareladas, guardanapos com juras de amor eterno e fotografias de cantos arredondados coexistem há décadas, oferecendo um impreciso, porém inestimável registro de todos os outros eus que um dia me habitaram. Nos dias onde o nascer do sol se faz presente no Caminho, eu penso nessa frase e, com um sentimento agridoce, penso que se o poeta mirim um dia reaparecesse já grisalho, revelando ter sido o autor do cartão, eu poderia finalmente desmascarar a farsa da promessa que eu tinha sido um dia. Sim, eu não era soberana como o sol, eu diria, mas eu não havia desistido de buscar, afinal eu estava aqui! Aquela frase havia me acompanhado durante a juventude, incutindo no meu ânimo doses cavalares de otimismo nos momentos mais difíceis, as palavras daquele cartão reverberando na minha mente, encorajando-me, como uma velha amiga, a não desistir nunca. No Caminho, o sol da aurora contracena comigo diante de um teatro vazio, me ensinando, no entanto, que o mais importante é viver a vida de forma criativa, é não deixar que o desejo de expressão que me move se apague, extirpando da minha essência a artista que sempre fui.

Paro no próximo vilarejo para tomar um café. A trinca improvável está aboletada a uma pequena mesa no canto. Os pupilos repetem com ardor a palavra açúcar em espanhol, proferida pelo mestre Emilio. Enquanto peço um café com leite no balcão, John Juan entra seguido por Fran. "Olá!" Sentamo-nos juntos para tomar o desjejum. Eles me contam que é possível ver o fóssil mais antigo de um *homo antecessor* europeu — no caso, uma mandíbula parcial e um pré-molar — num sítio arqueológico em Atapuerca, um povoado a menos de oito quilômetros dali. Segundo John Juan, teríamos que sair do Caminho e atravessar os campos por um atalho, com o auxílio de sua inseparável bússola. Através da janela do café, olho para os morros e morrotes que se prolongam por todo o horizonte longínquo e, apesar de me parecer uma péssima ideia, decido me juntar aos dois. Afinal, não é sempre que se tem a chance de ver o mais antigo fóssil humano encontrado na Europa. No entanto, antes de me embrenhar no capim alto atrás deles, calço os tênis. O homem no bar diz que era impossível chegar lá pela direção que pretendíamos seguir, mas esta afirmação só serve para desafiar John Testosterona, que mais do que nunca quer provar que será o pioneiro a desbravar o terreno até a mandíbula do hominídeo extinto. Seguimos por arbustos espinhentos e cerrados que me cortam os braços e dedos como papel. John Juan consulta a sua bússola e nos incentiva nos momentos mais tortuosos como se fosse um tenente treinando soldados para sobreviver na selva. Depois de lutar com um galho cheio de malditas pontiagudações que tinham tentado arrancar o meu couro cabeludo ainda com os cabelos, num vil ato de escalpelamento, decido que nem o pré-molar do homo antecessor mais antigo da Europa valia a pena tamanho empenho.

"Eu vou voltar", declaro aos dois, desligando os meus sinais de alerta que indicavam situação com alta probabilidade de *roubada* à frente. Nenhum dos dois parece se importar muito.

Passo mais uma vez no bar onde tínhamos tomado café e o mesmo homem abre um largo sorriso ao me ver. Diz que se esquecera de nos avisar que estaríamos atravessando uma área militar e, mesmo se conseguíssemos atravessá-la sem sermos ordenados a voltar, o fóssil só podia ser visto com uma visita guiada e paga. A minha intuição, a mesma que me fizera dar meia volta e voltar, agora me dizia que os dois jamais chegariam a ver o fóssil humano, pelo menos não hoje. Volto a caminhar e o sol, contra todas as probabilidades, finalmente aparece no céu opaco. Caminho vigorosamente sentindo uma energia ilimitada fluindo pelo meu corpo. Em pouco tempo, alcanço Emilio, Ian e Amrei, que estão parados numa encruzilhada, tentando decidir para qual lado seguir.

"Que bom que decidiu não ir com eles! Eu me esqueci de mencionar que o fóssil só é aberto ao público nos finais de semana e hoje vocês encontrariam o sítio arqueológico fechado!", diz Emilio, abrindo os braços de forma dramática.

Comemoro o fato de ter abortado a Missão Fóssil com uma dancinha esdrúxula que, para meu deleite, é acompanhada pelas outras três diferentes espécies de *homos* à minha frente. Havia verdadeiramente torcido para que o escocês e sua bússola, mesmo contra todas as adversidades, tivesse êxito em sua missão, mas agora não há mais nenhuma dúvida de que ele e Fran estão condenados ao fracasso. Talvez John Juan estivesse mais interessado em autossuperação do que nos restos de um hominídeo, e Fran mais interessada nele. Quem sabe o fóssil fosse apenas um pretexto para embarcarem numa aventura e, no fim, acabariam tendo um dia incrível de qualquer maneira. Ian pergunta em alemão para Amrei qual era o meu nome. Eu entendo a pergunta, graças aos dois anos em que estudei numa escola alemã no Rio de Janeiro, antes de ter sido convidada a me retirar — um eufemismo para expulsão — devido à minha natureza anárquica e comportamento rebelde e promíscuo, segundo a direção.

"*Ich bin Samantha!*", digo, tentando reavivar sua memória.

"*Ich bin Ian!*" Ele me dá um aperto de mão forte, quase esmigalhando meus dedos.

É maravilhoso saber que você causa um impacto tão profundo assim num homem. Depois de ter passado quase duas horas em sua companhia no bar, divagando sobre tudo e nada, ele acorda sem lembrança alguma da minha existência. Possivelmente o holandês está achando que conversou com um homem na noite passada, uma vez que o bar era escuro como uma caverna pré-histórica, meus cabelos curtos demais como os de um garoto, e a minha disposição etílica, com certeza, voraz demais para uma donzela. Caímos na gargalhada quando a alemã explica a ele quem eu era. Para comemorarmos a recuperação da memória de Ian, repetimos a mesma dancinha esdrúxula de antes.

Caminhamos juntos por algum tempo, antes de pararmos à margem de um sossegado rio para um breve descanso. Emilio reparte, igual e metodicamente, o alimento que carrega em um saco plástico amarrado à mochila: uma maçã, uma laranja e uma banana para cada um, e pão e pimentos para todos. Emilio também me entrega um "kit lanche", pelo qual sou grata, pois não havia trazido nada comigo para comer no caminho. Pelo visto, além de guru linguístico, o espanhol também estava encarregado de alimentar o grupo!

"Por que você está fazendo o seu Caminho ensinando espanhol para dois estranhos?", pergunto, dando uma mordida tão grande na maçã que o sumo da fruta se mistura à minha secreção salivar e depois escorre elegantemente pelo meu queixo. "Isso é muito generoso. Afinal, a maioria vem para cá para fazer uma introspecção."

Com uma simplicidade comovente ele diz — me entregando um solidário lenço de papel — que isso faz com que se sinta bem. Sente um enorme prazer em compartilhar aquilo de que dispõe com os outros.

"*Emílo, tu és el hombre!*", digo, dando-lhe uma amigável palmadinha nas costas.

"*Sí, el hombre!*", reproduzem, primeiramente, Amrei, seguida por Ian, ambos bestificados com o fato de terem entendido um fragmento da nossa comunicação. O professor está radiante de alegria.

Ganho a vida como professora de inglês e, por um momento, tento me imaginar fazendo o Caminho num esquema similar, com dois pupilos a tiracolo durante a minha peregrinação. Sinto um arrepio só de pensar. Acho que seria mais fácil eu ir até Santiago engatinhando do que encarar um "*the book is on the table*" espiritual. Tiro uma foto nossa e, quando peço a Emilio para me dar seu endereço de e-mail para que possa enviar o registro, ele me diz que não tem e-mail.

"*Emilio tu és igual el hombre de Atapuerca!*", digo de forma brincalhona. Ele ri e diz que não precisa de correio eletrônico, se corresponde mentalmente com as pessoas à distância. Sendo assim, eu anuncio que estou mentalmente fazendo o download da foto tirada e que acabo de enviá-la para o seu e-mail cerebral. Ele entra na brincadeira e diz que está mentalmente abrindo a caixa de entrada e, depois de uma breve pausa, abre um enorme sorriso e diz que a foto ficou linda! Fazemos nossa última dancinha esdrúxula — para comemorar não sei o quê — antes de eu seguir sozinha, logo desaparecendo numa curva.

Os últimos oito quilômetros desta etapa, que termina na cidade de Burgos, se dão em uma zona industrial, boa parte correndo paralelos a uma autoestrada. Opto por não seguir pela rota tradicional — conhecida como uma longa marcha de tédio e feiura — e decido tomar um caminho alternativo, passando por Castañares, considerado uma caminhada bem mais agradável, embora aparentemente um pouco mais longa. Sem um mapa ou livro para me orientar, fico um pouco perdida. Apelo para a teleobjetiva da câmera que uso como binóculos para ver se consigo avistar alguma seta amarela que me aponte na direção certa. Finalmente, consigo identificar uma, grosseiramente pintada num pequeno monte de barro. A rota inicialmente contorna as imediações do aeroporto de Burgos, eventualmente levando até Castañares, onde então me deparo com uma bifurcação sem nenhuma sinalização. Opto por seguir pela direita, para meu total arrependimento, pois logo adiante, o caminho desemboca numa medonha rodovia por onde carros e caminhões trafegam em alta velocidade, produzindo um barulho ensurdecedor. De cima de uma passarela de pedestre, fico olhando os veículos automotores passarem zunindo na via abaixo. É um choque constatar essa velocidade depois de passar quase duas semanas vivendo em um mundo onde o Ayrton Sena do percurso é Ivone, a dinamarquesa que deve andar a oito quilômetros por hora!

Sigo algum tempo paralela à hostil autoestrada, ando mecanicamente, sem prazer. O calor que emana do concreto fervente é impiedoso. A mochila faz com que as minhas costas suem excessivamente, parece um maçarico no meu dorso, o suor escorre pela minha lombar, empapando-me a camisa e a calcinha. Estou novamente um pouco perdida e começo a ficar exausta. Finalmente, sem saber muito bem como, chego a um parque muito bonito e arborizado, cortado por um refrescante rio. Logo à frente, encontro com Fran e John, ambos parecem incrivelmente bem-dispostos e bem-humorados. Eles me contam que não conseguiram ver o fóssil, pois se depararam com a cerca de arame farpado que delimita a área militar, mas que aproveitaram para almoçar em Atapuerca — excelente comida por sinal — e de lá, tinham feito uma vigorosa e aprazível caminhada. Quando pergunto sobre o horror da autoestrada, eles dizem que não passaram por ela. Estão caminhando há um bom tempo dentro do parque, acompanhando o Rio Arlanzón — este à minha esquerda, caso eu não tenha notado — e que, segundo John Juan, corre praticamente até a catedral de Burgos. Mas como isso era possível?! Ele abre o seu livro e me mostra no mapa o percurso que tinham feito. Imediatamente vejo a bifurcação onde havia seguido pela direita, equivocadamente tomando a direção errada. Penso na minha dancinha esdrúxula, comemorando minha decisão de não ter ido com eles, e me sinto patética. Não consigo acompanhá-los, sou um trapo humano. Havia andado aproximadamente trinta quilômetros, significativamente mais do que estou acostumada a percorrer. Pergunto a um sujeito, lendo um jornal sentado em um banco, se estou perto da catedral e ele diz que sim.

"Uns dez minutos de caminhada até lá?", pergunto esperançosa. Ele balança a cabeça negativamente e me diz que a catedral fica a uns quatro quilômetros dali. É como se tivesse recebido uma bofetada na cara. Eu não aguento mais dar um passo sequer, não tenho mais forças, tudo dói, todos os meus tecidos moles estão pedindo arrego, misericórdia, tenho vontade de me sentar no chão e começar a chorar chamando pela mamãe. Ou, melhor ainda, poderia me lançar no rio e deixar que a correnteza me levasse até a catedral de Burgos. Seria a primeira peregrina-boia da história! Tomo um ônibus, sem culpa alguma, pois meu corpo está implorando para que eu pare. Nem me atrevo a sentar, com medo de que nunca mais consiga me levantar. Quando salto, dirijo-me a um senhor, cuja boca não possui nenhum dos incisivos centrais e, num tom que beira o desespero, digo que preciso de ajuda para encontrar o novo albergue. Sim, eu sou brasileira *muy guapa*, meu *stinco* está fodido, a minha bunda nunca conheceu tanto suor, minha mochila é meu carma... Com um sorriso indecifrável nos lábios emurchecidos, o homem aponta para os meus pés empoeirados, com lascas de esmalte vermelho fossilizadas nas unhas, esparadrapos escurecidos se soltando e resíduos de cola velha em forma de grade nos dois calcanhares. Um pouco constrangida, digo que costumo caminhar de sandálias em dia de calor. Sem desviar os olhos, ele diz que tenho os *"pies hermosos"*! Oi? Só o que me faltava a essa altura do campeonato era encontrar um tiozinho com um fetiche por pé de peregrina. Ele me guia até o belíssimo albergue que, segundo ele, fica apenas quinhentos metros adiante, ocasionalmente olhando de soslaio para os meus *piecitos*. *"Muchas gracias, Señor."* Ele segura o meu braço delicadamente e me convida para encontrá-lo mais tarde para um café. Deve estar com taquicardia só de imaginar os meus *pies hermosos* limpinhos e perfumados depois de um bom banho. Agradeço mais uma vez, ignorando o convite.

    O albergue municipal de Burgos é excepcional e, melhor ainda, está situado a apenas cem metros da impressionante Catedral de Burgos, construção em estilo gótico cuja origem remonta ao início do século XIII. Depois de um longo banho, fico admirando as agulhas de suas torres, que podem ser avistadas da pequena janela do dormitório. A noite vai caindo e, mesmo demolida, me arrasto até a praça para ver de perto a extraordinária e singular construção, que a essa hora, já está fechada para visitação. Fumo um último cigarro enquanto me perco nos detalhes da magistral obra arquitetônica. Devido ao tempo prolongado que permaneço com o pescoço virado para o céu, volto para o albergue com um leve torcicolo, mais uma dorzinha para somar às minhas tantas outras. Mas como já diz o ditado popular de baixo calão, "o que é um peido para quem já está todo cagado?".

27/04
Burgos - Sem andar

Salto do beliche de cima e, assim que aterrisso no chão, sinto uma dor fina como uma faca cortante percorrer toda a borda da minha tíbia. Chego à conclusão de que as botas não são culpáveis pela dor que sinto, ao contrário do que supunha em minha tese sobre canelas tropicais. Eu não as calçava desde que haviam sido abandonadas em Logroño, dias atrás, e mesmo assim o incômodo só fazia piorar. Esta dor persistente na canela — que a esta altura apresentava um quadro sintomático de canelite — com certeza se devia ao uso excessivo dos flexores dos pés. Num só pé, eu pulo até o banheiro para aliviar a bexiga. A urina tromba ruidosamente contra a água da louça, o fluxo é interminável, a queimação na perna, latejante. Penso amargamente que se tivesse ido atrás do fóssil, com John Juan e sua bússola, e Fran e sua libido, não teria andado os quilômetros extras ao tomar a direção errada e, muito provavelmente, não teria estressado a musculatura da tíbia. Ou talvez a minha sina fosse ser uma peregrina-saci-pererê, já profetizada pelo saco de dormir de anão, onde só cabia uma perna. Fico tanto tempo sentada no vaso sanitário, com a perna para cima e o calcanhar apoiado no suporte do papel higiênico, que tenho a impressão de que a unha do dedão cresceu um pouco. Tomo um anti-inflamatório e deito na cama do beliche, imóvel, na esperança de que ninguém da limpeza perceba que há um corpo humano ali. Finalmente, todas as camas do dormitório estão vazias e o andar está mortalmente silencioso. Sei que não posso permanecer no albergue, mas decido esperar até que alguém me expulse, ganhando assim algum tempo até que o medicamento iniba a dor causada pela inflamação. O ruído monótono e repetitivo de uma vassoura raspando contra o assoalho se faz ouvir lá do fundo do enorme aposento. O som vai se aproximando de onde estou e sei que atrás da vassoura estará o algoz que me condenará a andar. As cerdas estão cada vez mais perto, arranhando, rasurando, varrendo...

"Olá", diz, um pouco surpreso, um rapaz tão envergado e magro quanto a vassoura que segura.

"Ahnn", respondo, fingindo voz de sono.

De forma muito gentil, o jovem me informa que já passava das nove da manhã e que infelizmente eu teria que deixar o albergue. Conto a ele sobre a minha canelite e ele diz que em casos de enfermidade os peregrinos podem ficar no albergue mais de uma noite, mas que eu teria que sair, de qualquer maneira, para que o lugar fosse limpo. Poderia retornar a partir do meio dia. Fico extremamente agradecida, pois está na hora de dar a minha primeira parada depois de doze dias caminhando sem descanso. Deixo minha mochila no armário embutido do beliche e saio com a minha câmera. A minha maldita tíbia está sob a influência da droga e já consigo andar um pouco mais como um bípede.

Burgos é uma dessas cidades em que o viajante perambula pelo centro histórico, embevecido com suas ruelas pitorescas, igrejas góticas, monumentos, arcos e museus. Além de testemunhar verdadeiras joias arquitetônicas da época medieval e imergir no patrimônio histórico-cultural local, a atmosfera boêmia de seus inúmeros bares e restaurantes também convida o visitante a desfrutar da esplêndida gastronomia espanhola, mundialmente famosa pelos seus sabores, variedade e contundência.

Fico olhando para as janelas das casas e prédios alheios, fantasiando sobre como seria morar atrás de cada uma delas. Como seria cruzar aqueles becos impregnados de história todas as manhãs a caminho da panificadora local, cumprimentando, no percurso, moradores de nome Ramón, Milagros e Asunción? Tento me imaginar sentada em um dos restaurantes da colorida Plaza Mayor num domingo de sol qualquer, enquanto saboreio lentamente tapas de polvo e *jamón serrano*, ou simplesmente lendo um livro defronte à catedral no lusco-fusco de um entardecer outonal, enquanto observo de rabo de olho as reações embasbacadas dos turistas ao se depararem pela primeira vez com as gárgulas e botaréus, pináculos íngremes, arcos ogivais e portais talhados de uma das mais impressionantes construções góticas do mundo. Depois de me inserir em diversas situações na cidade de Burgos, como se fosse o Wally, personagem da série de livros "Onde está Wally?", chego à conclusão de que o melhor lugar no mundo para se morar era aquele dentro de mim mesma. Habitar o mundo interior de forma absoluta, pois se não houvesse harmonia ali, o que de fato não havia, de nada adiantaria eu me carregar para outra cidade, outra casa, outra janela. Mais cedo ou mais tarde, o mal-estar existencial iria me achar na minha nova moradia. E quando isso acontecesse, o meu mundo exterior seria progressivamente contaminando, até que um dia, eu deixaria de enxergar a extasiante catedral de Burgos, da mesma forma que um dia eu deixei de ver o Cristo Redentor, uma das sete maravilhas do mundo moderno, de braços abertos para mim logo acima da minha janela.

    Sento-me num banco na *Plaza Mayor* para comer churros com calda de chocolate. Fico observando o movimento das pessoas cruzando a praça, enquanto mergulho a massa cilíndrica dentro do pequeno copo descartável com a calda. Giro a guloseima para um lado, giro no sentido contrário, depois vou rodopiando o doce no ar para evitar que a calda pingue, até encontrar a minha boca salivante: *hmm!* Quando finalmente dou a última mordida no quarto e derradeiro churro, a técnica está tão dominada que estou confiante de que já poderia pedir a tradicional sobremesa espanhola num primeiro encontro romântico, sem receio de parecer uma criança de dois anos tomando o seu primeiro sorvete. Conto nove pingos de diferentes tamanhos nas pernas da calça, um fio de calda escorre no meu antebraço em direção ao cotovelo e tenho tanto doce no queixo, que uma abelha começa a voar nas imediações da minha fuça. Volto atrás e decido que minha habilidade ainda precisa ser mais burilada. Decido que comer churros com calda de chocolate deverá permanecer uma atividade solitária: em praça pública, somente dentro de uma burca; e num encontro a dois, continuaria a ser mais prudente pedir uma salada sem molho.

 O interior da catedral só pode ser descrito como sublime: demonstra uma beleza inatingível, a mais pura perfeição estética. Os diferentes estilos arquitetônicos, gótico, renascentista e barroco, se fundem harmoniosamente para expressar e reverenciar a magnitude do divino. Uma coleção extraordinária de estátuas, entalhes, retábulos, tapeçarias, castiçais e pinturas adornam as inúmeras capelas; o magnífico zimbório de traçado octogonal, vitrais e rosáceas coloridas, abóbadas góticas e abóbadas nervuradas, a escadaria dourada e os túmulos de alabastro, mármore e bronze são testemunhas dos esforços hercúleos dos gênios da criatividade, entre arquitetos, escultores e artesãos, que durante trezentos anos empenharam-se na tarefa sobre-humana de erguer a catedral que viria a ser, pelos séculos posteriores, um legado arquitetônico, artístico e cultural para toda a humanidade. Sou esmagada pela experiência do belo.

28/04 (dia 13)
Burgos a Hornillos del Camino - 21 km

Não sinto mais nenhum vestígio de dor física, embora sinta uma pontada de tristeza em ter que deixar Burgos para trás. Na véspera, enquanto explorava as margens do Rio Arlanzón, com suas peculiares árvores entrelaçadas, havia esbarrado com Ivone que, assim como eu e um grande número de peregrinos, optara por permanecer na encantadora cidade por mais um dia para desfrutar das suas inúmeras atrações. Caminhamos juntas até uma praça onde sentamo-nos num bar de tapas para jantar. Pedimos uma garrafa de vinho tinto da região vinícola de *Ribera del Duero* para prestigiarmos a produção local e nos esfalfamos com tapas de *croquetas de jamón, patatas bravas*, mini almôndegas e azeitonas. Mais uma vez, eu tinha a sensação, enquanto conversávamos animadamente sobre as impressões da catedral e da cidade, de que estava em casa com uma amiga de longa data. Da mesma forma, tivera uma inexplicável afinidade pela cidade de Burgos e, enquanto voltava para o albergue caminhando por suas ruas medievais e ermas, porém bem iluminadas, prometi a mim mesma que um dia voltaria.

A saída de Burgos é tão tediosa quanto a chegada. O caminho segue por áreas urbanas enfadonhas e mal sinalizadas. Em duas ocasiões me perdi e tive que perguntar a direção certa aos incrivelmente solícitos moradores locais. Fico revivendo o prazer que tinha sentido na véspera, ao contemplar a translumbrante catedral, para ver se conseguia compensar a frigidez estética que estava tornando a minha caminhada tão pouco inspiradora agora. Depois de aproximadamente cinco quilômetros, finalmente saio do perímetro urbano, sentindo-me bastante aliviada, pois a monotonia estava me obrigando a criar jogos mentais estúpidos, como contar os meus passos, repetir uma palavra inúmeras vezes até que ela perdesse o sentido, ou chutar um mesmo pedregulho durante um quilômetro como forma de distração.

Sigo por algum tempo por um caminho que passa por campos e pastos cortados por um córrego e embelezado por choupos e salgueiros, antes de iniciar a subida de mais um morro bastante íngreme. Há certo trânsito de peregrinos no percurso, pois todos, mesmo os mais bem-condicionados fisicamente, acabam desacelerando na escalada. Quando chego ao topo, o vento colérico uiva em meus ouvidos e açoita meus cabelos. Sinto a sua resistência literalmente se interpondo ao meu deslocamento, como se me desafiasse com seu sopro soberano. De cima do morro — do lado oposto ao que eu tinha subido — tenho a visão de todo um horizonte descortinado. É como se o mundo tivesse se aberto, não há nenhuma variação de altitude, nem mesmo um mísero montículo, a paisagem abaixo é absurda e esplendorosamente plana: é o panorama da famigerada Meseta — uma planície interminável que, no Caminho, se estende por aproximadamente 220 quilômetros, entre as belas cidades de Burgos e Astorga. Muitos peregrinos pulam por completo este trecho, famoso por suas longas etapas sem árvores, sombra, ou lugar para se comprar água ou comida, especialmente no verão. Por outro lado, a vastidão, a paisagem desnuda, a ausência de distrações reconfortantes e a aparente mesmice e desolação do ambiente são elementos que propiciam a introspecção, e assim, muitos outros aguardam com certa expectativa o famoso "deserto espanhol". Vista de cima, a trilha nada mais é do que um gigantesco risco branco reluzente, ladeado em ambos os lados por plantações de milho e trigo, que se estendem por quilômetros como um imenso e exuberante tapete verdejante. "Aqui vou eu", penso comigo mesma e inicio a minha descida. Volto a ouvir o ruído do cascalho sob meus pés, um som constante e monótono que correntemente me induz a uma caminhada meditativa. Tenho uma profunda consciência do meu corpo, percebo a transferência de peso de uma perna para a outra, os calcanhares se alternando com as pontas dos pés no contato com o solo, os braços se movendo como pêndulos em movimento periódico, a espinha dorsal contrabalanceando o peso da mochila, as gotículas de suor se formando na minha fronte. Estou absolutamente presente em cada passo dado.

Por volta das duas da tarde, chego a Hornillos del Camino, um simpático povoado construído no entorno de uma única rua principal. Encontro Ivone sentada na estreita praça onde há uma igreja paroquial de estilo gótico e um monumento com uma pequena fonte coroada com uma belíssima estátua de um galo — é a *Fuente del Gallo*. Ela me diz que não há mais camas livres no albergue municipal, mas que muitos foram para o centro desportivo, onde camas improvisadas são oferecidas aos peregrinos excedentes. Vou até o local indicado por ela e encontro um ginásio com aproximadamente quinze camas dispostas em circunferência. O lugar é pouco convidativo e frio, mas é isso ou dormir do lado de fora com o galo de pedra. A água do chuveiro está fria e eu lavo a minha pele de ganso depenado na velocidade da luz. Escolho uma das camisas da minha vasta seleção de três e calço um par de meias, ainda levemente úmidas da lavada no dia anterior. Vestida para matar, eu saio em busca de diversão na cidade de 65 habitantes. A igreja está fechada, o único restaurante está lotado e, depois de percorrer a principal rua da cidade, ida e volta, em aproximadamente quatro minutos, fico sem saber direito o que fazer. Decido comprar uma garrafa de vinho na *tienda* que cruzara dois minutos antes para acompanhar o salame e o pão que trouxera comigo de Burgos. Passo novamente pela pequena praça e me dirijo até a igreja, onde me sento com as costas reclinadas contra um de seus muros laterais, esplendorosamente banhado pelos últimos raios solares do dia, enquanto saboreio meu *bocadillo*. Há um homem sentado a uns cinco metros de mim, lendo um livro. Ele aparenta ter por volta de trinta anos e, pelo que consigo observar pelo canto do olho, me parece surpreendentemente atraente. É extasiante perceber a força magnética atrativa atuando quando a energia sexual de um homem e uma mulher desconhecidos um do outro começa a pulsar. A energia sexual como recurso da lei da atração na perpetuidade do universo gera cargas magnéticas que, embora invisíveis a olho nu, são perceptíveis como uma força criativa avassaladora. Ficamos em silêncio durante uns quinze minutos e sinto que os movimentos dele, mesmo sem ver, são movimentos forçados, gestos dispensáveis que só existem para ratificar a sua presença ali. Eu também sou artificial, e sei que ele sabe que eu sei que estou sendo observada. E de repente, nossos olhares são atraídos como imãs ao mesmo tempo. Sorrimos timidamente e ele se aproxima de mim, batendo a poeira das calças.

"Oi, eu sou o Baastian", diz, estendendo-me a mão.

"Oi, eu sou a Sam — Samantha. Você quer um pouco de vinho?", respondo, apertando-lhe a mão estendida. Entrego-lhe a minha caneca com a bandeira do Brasil e ele dá um gole estalando a língua.

"Brasileira?", pergunta com um sorriso maroto.

"Metade brasileira e metade inglesa", digo com o lábio superior colado na gengiva de cima ao perceber que um enorme e obstinado naco de salame está alojado entre o meu canino e incisivo lateral.

Ele se senta ao meu lado e, enquanto conversamos sobre coisas triviais, eu consigo finalmente vê-lo direito. Os cabelos castanho-claros caem-lhe teimosamente sobre os olhos, forçando-o a colocar as mechas para trás das orelhas a cada dois minutos. Os olhos cor de avelã são amendoados, e os cílios são tão longos e milimetricamente espaçados que ele parece estar usando rímel incolor. Um esboço de cavanhaque dourado realça os seus lábios bem desenhados e o maxilar incrivelmente quadrado confere harmonia e virilidade ao rosto extremamente atraente de Baastian. Fico hipnotizada pelas suas mãos, enquanto ele talha a rolha do vinho com um canivete suíço: são grandes e expressivas, com dedos longos e proporcionais e, embora sejam mãos fortes e másculas, parecem capazes de gestos de extrema delicadeza. Descubro que ele é holandês e atualmente mora em Amsterdã, apesar de ter nascido em Haia. Trocamos experiências sobre o Caminho, compartilhando a caneca de vinho como se fosse um cachimbo da paz. O sol vai mergulhando por detrás de um morro e o último feixe de luz do dia incide sobre o seu rosto, banhando-o de uma luminosidade dourada. Seus olhos parecem mudar de cor a cada instante, a íris multicolorida — âmbar no centro e com tons de verde e cinza nas bordas — me confunde e magnetiza. A garrafa está vazia e agora somos dois vultos na decrescente luminosidade do crepúsculo. Como não consigo mais discernir-lhe os traços, ele vai se tornando uma figura indistinta e, quanto mais borrada se torna a sua individualidade física, mais eu o reconheço em todos os homens que passaram pela minha vida, até que, quando a noite finalmente cai, ele é apenas uma presença masculina estranhamente familiar. Na sombra da noite, perdemos nossas identidades; naquele momento, somos apenas duas energias polares, opostas e complementares, de homem e de mulher.

    Caminhamos juntos para o centro desportista, pois ele também chegara tarde a Hornillos, e, assim como eu, não conseguiu uma cama no albergue municipal. Desejo-lhe boa noite na entrada do alojamento e vou circundando o ginásio pela direita em direção a minha cama. Ouço seus passos logo atrás de mim e fico sem entender. Será que fui mal interpretada? Afinal, o cérebro masculino evoluiu para captar os sinais errados. A cabeça de baixo — programada para procriar, com o pensamento fixo no acasalamento — assume o comando quando o assunto envolve a interação entre homens e mulheres, e assim, a cabeça de cima, com seu único neurônio deixado para trás em tais situações, perde a capacidade de interpretar com clareza os sinais de amabilidade feminina. Ok, talvez eu tenha emitido alguns dos sinais que constam na lista essencial dos "dez sinais óbvios de que uma mulher está flertando com você", mas isso não queria dizer que eu estava pronta para gratinar o canelone. Começamos a rir: coincidentemente a cama dele era a do lado da minha. Deitamo-nos em nossas respectivas camas, dentro de nossos respectivos sacos de dormir, vestidos, de costas um para o outro. As luzes se apagam, o riso cessa e eu murmuro em sua direção:

"Boa noite, Baastian."

"Boa noite, Sam."

De repente, da escuridão do grande ginásio, ouvimos de forma espirituosa outros peregrinos seguindo o exemplo:

"Boa noite, Carlos."

"Boa noite, Thomas."

"Boa noite, Jürgen."

"Boa noite, Cleménce", numa clara alusão ao seriado dos anos 70, *Os Watsons*, onde a família desejava boa noite uns aos outros no final de cada episódio.

29/04 (dia 14)
Hornillos del Camino a Castrojeriz - 20,3 km

Sei que será um desafio encontrar 100 ml de café para abastecer o tanque da minha carcaça na pacata Hornillos. São 7:30 e a única *tienda* da cidade está fechada. De repente, a porta de uma das casas se abre e um cachorrinho sai para a rua, seguido por uma corpulenta mulher de robe. O cachorro cheira tudo e parece determinado a escolher o centímetro quadrado mais perfeito possível para largar sua bolota fecal matinal. A mulher me cumprimenta com um aceno de cabeça, como se fosse a coisa mais normal do mundo estar no meio da rua principal — mesmo que de um município de 65 pessoas — com um robe florido e desbotado, um par de meias estilo polainas e pantufas gastas. O cachorrinho, que está visivelmente constipado, vem até mim e começa a cheirar-me os dedos nas sandálias. O pobrezinho tem os olhos tão esbugalhados e os dentes de baixo tão tortos que fico na dúvida se o que está babando no meu mindinho é realmente um cachorro. Não vai defecar aqui, não, pequeno Gremlin! A mulher se aproxima de mim, rindo alto e chamando o quadrúpede, que a ignora por completo.

"Hércules!", diz, com uma voz esganiçada, pegando o animal no colo. "*Buenos días.*"

"*Buenos días*", respondo, notando que além de esbugalhados, os olhos do cachorro também são estrábicos. Pergunto a ela onde eu poderia encontrar café a essa hora. Ela me diz que não mora ali. Apenas alugou a casa com a família por uma semana para passar os feriados do Dia do Trabalhador e da *Fiesta de la Comunidad*, além de celebrar o Dia das Mães no domingo próximo.

"Já visitaram a igreja?", pergunto, numa tentativa de mascarar o espanto que sinto ao pensar por que alguém escolheria alugar uma casa em Hornillos del Camino, com sua farta opção cultural e gastronômica, para desfrutar o feriado com a família toda.

"Ainda não. Chegamos ontem à noite, não foi, Hércules?" Ela acaricia a microscópica cabecinha do cão que continua ignorando-a solenemente.

Ela me pergunta se sou uma peregrina e quando digo que sim, ela insiste em que eu me junte a ela para tomar o café da manhã com sua família. Busco o consentimento de Hércules, com sua mandíbula hipertrofiada, mas ele apenas me encara com um olhar *blasé*. Entro na casa atrás da risonha mulher, que se chama Mercedes, e, logo na saleta de entrada, sou apresentada a três crianças de pijamas brincando com Lego. Um menino e uma das meninas são a versão mirrada de Mercedes e não deixam dúvida alguma de que ambos são prole sua. A menina menor tem quatro anos e é sua sobrinha. À mesa estão mais três adultos e dois adolescentes: um rapaz pálido, com um *piercing* na sobrancelha e o nariz grande, com a ponta voltada para a boca, parecendo um bico de falcão; e uma jovem muito bonita, com os cabelos curtos e espetados, tingidos de vermelho, olhos verde-esmeralda, boca polpuda e naturalmente carminada. Sou apresentada a todos como uma peregrina brasileira que *necesitaba* de *café con leche*. Das dez pessoas à mesa, eu sou a única que não está ou de pijama ou de robe. Sinto-me em uma daquelas situações em que você é convidada para ir a uma festa temática e, ao chegar, se dá conta de que é a única pessoa fantasiada. E assim, você, vestida de noiva-cadáver — enquanto os outros convidados circulam de salto, pretinho básico e camisa social —, passa a noite inteira tentando compensar a mortificante humilhação com excesso de personalidade e álcool. A família é absolutamente encantadora e um minuto depois da apresentação voltam à sua dinâmica familiar, me tratando como se eu fosse parte dela. Pedem-me para passar o açúcar, dividem o último pedaço de bolo comigo, jogam um guardanapo na minha direção e me incumbem de passar geleia na torrada de Constanza, a menininha de quatro anos ao meu lado, que está usando um pijama do Pequeno Príncipe. Finalmente o patriarca da família desce para o desjejum — de pijamas, é claro — e se senta a uma das cabeceiras da mesa. Como eu já faço parte da família, se esquecem de me apresentar a ele, e ele, por sua vez, está ainda em estado sonambúlico e demora a perceber que há uma estranha com o cabelo do Billy Idol sentada à mesa junto com a sua família. Finalmente ele se apercebe da minha presença ali, seu cenho se franze e um lampejo de confusão passa pelos seus olhos. No entanto, ele nada diz, apenas continua mastigando sua rosquinha lentamente como um corpulento boi zebu. Depois de me empanzinar de pão, queijo, bolo e frutas, beber duas xícaras de café com leite, um copo de suco de laranja e tentar contar uma piada em *portunhol* — da qual os únicos que riram mostrando os dentes foram Constanza e o *perro* Hércules —, anuncio que terei que partir. Peço para tirar uma foto de toda a família que, de bom grado, posa sorridente e remelenta de dentro de seus trajes de dormir. Agradeço-os profusamente pela generosa acolhida, sendo então conduzida até a porta por Mercedes, que me deseja um *buen caminho* e me dá um abraço. Antes de me retirar, eu me abaixo para acariciar Hércules, mas ele decididamente não gosta do afago e rosna para mim, expondo ainda mais da sua dentição torta. Tiro a mão rapidamente, pois ele parece, de repente, ter assumido a forma de um pequeno crocodilo.

"*Hércules! Perro malo!*", brada Mercedes pegando-o no colo. Ele a ignora por completo.

Quando retorno ao ginásio para pegar minha mochila, encontro a cama do Baastian vazia. Sinto uma pontada de tristeza por não ter me despedido dele, mas como poderia imaginar que acabaria tomando o desjejum com uma família espanhola de pijamas e consequentemente demorando tanto para voltar?

Caminho por algum tempo em meio a extensas plantações de trigo e cevada ainda fantasticamente verdes nesta época do ano. Para minha surpresa, o percurso é mais ondulante do que havia previsto, considerando-se que fazia parte da Meseta. Um dos pontos altos da caminhada são as espetaculares ruínas do convento gótico de San Antón, datado do século XV. Os arcos e uma parte surpreendente da sua estrutura arquitetônica mantêm-se incrivelmente bem preservados até hoje. O lugar, que em épocas medievais funcionara como um hospital, além de abrigar os peregrinos em rota, se tornou um pequeno albergue em 2002, com doze leitos sendo oferecidos dentro das ruínas, até então, sem energia elétrica. Suas portas, no entanto, são abertas somente na alta estação e agora, como constato, o lugar encontra-se fechado e desoladamente ermo. Teria gostado de pernoitar ali, pois era considerado por muitos como um dos albergues mais singulares do Caminho. Alguns quilômetros adiante, eu consigo avistar Castrojeriz de longe, um município com população de 883 habitantes, assentado no sopé de um morro careca, no alto do qual as ruínas de um castelo estão dramaticamente espetadas. Pode-se dizer que a visão pitoresca do vilarejo onde passaria a noite é mais um dos destaques da caminhada de hoje, seguramente entre as mais bonitas desde que iniciara a peregrinação, quase duas semanas atrás. Castrojeriz, com suas construções notáveis e vestígios de tempos idos, é tão atraente vista de dentro quanto de fora. Percorro sua longa rua principal, fotografando cada detalhe, pedra e telha, sem parcimônia. Decido subir até o alto do morro — o mesmo que tinha visto da estrada mais cedo — para ver de perto os destroços do castelo homônimo, onde batalhas sangrentas entre cristãos e mouros foram travadas no século IX. As muralhas, posicionadas no glorioso e estratégico ponto de vantagem contra o inimigo, supostamente erguidas pelos visigodos, ou talvez pelos romanos — há controvérsias —, eram usadas para guardar e defender a rota que levava às lucrativas minas de ouro da Galícia. Sinto a energia que irradia das decadentes ruínas do castelo, na verdade um emaranhado de muros, janelas e arcos de pedra, impregnado de história, sangue, lamento e triunfo. A deslumbrante visão panorâmica *Google Earth* da paisagem abaixo se revela como uma imensa colcha de retalhos, com quadrados e retângulos assimétricos, de cor verde, marrom, ocre e amarelo torrado, se estendendo em todas as direções até o horizonte longínquo. E então o som doce e ao mesmo tempo melancólico de uma gaita se faz ouvir. Viro-me e vejo um homem esquálido, com os cabelos ralos e brancos presos num rabo-de-cavalo-fiapo, sentado em uma pedra um pouco acima de onde estou. Com o instrumento levado à boca, ele sorri com os olhos na minha direção, enquanto enche de música e sentimento a experiência de mais um dia na minha vida que jamais seria vivido novamente. A sonoridade das notas parece aguçar ainda mais a já poderosa energia espiritual do lugar, tornando-a quase palpável. Quantos homens já haviam nascido e quantos já teriam perecido desde que o planeta Terra passara a ser habitado por seres humanos? Fecho os olhos e tenho a percepção da minha finitude diante do infinito. O vento sopra uma delicada fragrância de tomilho e lavanda no ar e, embora não saiba explicar com precisão o motivo, sou invadida por um gigantesco sentimento de gratidão por estar viva.

30/04 (dia 15)
Castrojeriz a Boadilla del Camino - 18,2 km

Subir qualquer inclinação, colina, morro ou montanha requer um esforço físico que pode ir do intenso ao árduo e ao sobre-humano, dependendo, é claro, do condicionamento físico de cada um, ou da percepção do que vem a ser um esforço intenso, árduo ou sobre-humano para cada um. Jogo a água da minha garrafa sobre a minha cabeça e, enquanto ela escorre pela topografia do meu corpo, decido que o esforço da escalada tinha sido, para mim, intenso, embora veja que alguns chegam ao topo da subida transtornados pelo que fora para eles, sem sombra de dúvida, um esforço árduo. Um memorial erguido para certo peregrino de nome Manuel Perez Lopes, morto no dia 25 de setembro de 2008, tentando galgar os 1.050 metros do Alto de Mostelares, me faz pensar que para ele talvez o esforço tenha sido sobre-humano. A única constante na experiência da escalada é, com certeza, a vista que recompensa de forma unânime cada um que chega ao topo, superando assim mais um obstáculo do Caminho. Fico ali um bom tempo, compartilhando a vitória de cada peregrino que chega, enquanto como uma maçã machucada. Durante a descida, vou fotografando a paisagem, cuja beleza é tão inspiradora que fico tentada a subir tudo de novo só para poder ver as plantações abaixo refletindo as diferentes gradações de verde devido às variações da luz solar. Além disso, as nuvens brancas e afofadas, que deslizam mansamente no imenso e contrastante céu azul acima, mudam sua formação quase que minuto a minuto, mudando também a composição artística das fotos. Mas basta uma olhadela para cima para ser dissuadida da empreitada e nem o meu amor pela arte me faria subir aquela pirambeira novamente. Sigo a trilha pela extensa planície coberta de papoulas vermelhas e lavanda selvagem. Não há sombra alguma e eu começo a sentir o suor empapando-me as roupas e o couro cabeludo. Paro para encher a minha garrafa de água numa fonte que, de acordo com a placa, se chama *Fuente del Piojo*. Fonte do Piolho? Molho a cabeça com uma pulga atrás da orelha e encho minha garrafa de água de um litro e meio até em cima. Logo em frente à fonte há um recuo na trilha com algumas mesas de piquenique mal protegidas pela sombra de meia-dúzia de árvores raquíticas. Descalço os tênis, coloco as meias para secar e os pés para respirar: dica de um peregrino veterano para evitar bolhas. Escuto alguém chamando o meu nome com entusiasmo. Quando eu me viro, vejo Matthew, o americano que me fora apresentado por Francis em Azofra. Ele está queimado de sol e os olhos azuis e o cavanhaque prateado contrastam com a sua pele bronzeada. Ele me apresenta ao Rafa, um espanhol que aproveitara o feriado para encontrar com o amigo americano, que não via há alguns anos. Iriam caminhar três dias juntos antes de o amigo ter que retornar a Bilbao, onde vive e trabalha como osteopata. Seguimos juntos e é bom poder caminhar na companhia de outras pessoas para variar um pouco a minha marcha solitária. Rafa é um homem alto, de porte atlético: os quadris estreitos e os ombros largos denotam seu apreço pela atividade física; a pele oliva ainda viçosa de quem acaba de entrar na terceira década de vida harmoniza bem com os cabelos negros como o ébano e os misteriosos olhos escuros. Chego à conclusão de que seu porte nórdico e traços mediterrâneos devem ser o que alguns autores antropológicos definem como "fenótipo atlanto-mediterrâneo". Penso no meu porte de basset e traços de mico-leão-dourado e decido que o meu fenótipo poderia ser introduzido nos estudos da antropologia física como fenótipo "hound-saguipiranga". Seguimos na mesma cadência, seis pés, cinco canelas, três corações e um único desejo: chegar até Boadillos del Real Camino o mais rápido o possível, antes que a exposição aos raios ultravioletas comece a causar em nós envelhecimento cutâneo prematuro, ou, no caso do americano, possível carcinoma.

Por detrás do muro do albergue particular encontramos um verdadeiro oásis. Um belíssimo jardim, com um gramado aveludado e bem cuidado, flores e arbustos, duas esculturas metálicas representando peregrinos e uma pequena e convidativa piscina no centro compõem o charmoso e acolhedor ambiente externo da hospedagem. Vários peregrinos estão estirados na grama tomando sol, alguns têm os pés submersos na água cristalina da piscina e outros tantos tomam cerveja em pequenos grupos espalhados pelo relvado ornamental. Como chegamos cedo, ainda há muitas camas livres, então escolho um dos colchões no aconchegante mezanino logo abaixo do teto inclinado com suas espetaculares vigas de madeira antiga.

Sentamo-nos na grama macia para tomar cerveja e conversar. A belíssima torre da igreja paroquial *Nuestra Señora de Asunción*, situada em frente ao portão principal do albergue, pode ser vista do jardim. Um gigantesco ninho de cegonha decora a torre do sino e eu fico observando, de uma posição privilegiada, duas aves de porte altivo alimentando três filhotes. Fico sabendo, por um peregrino francês, que a cegonha é uma ave monógama; os machos passam a vida inteira com uma única parceira e ainda dividem a função de incubação e alimentação dos filhotes. Embora no reino humano o homem-cegonha seja uma raridade, aparentemente a espécie ainda pode ser encontrada entre os pigmeus *Aka* na África central, onde os papéis desempenhados pelos dois sexos são intercambiáveis: as mulheres também caçam; os homens também colhem frutas e raízes; e os bebês, não raro, são vistos sugando os mamilos dos pais. Nesse caso, a antropologia consegue finalmente revelar uma função para os mamilos masculinos, além da conhecida função decorativa de prover um local a mais para o *piercing* — como, por exemplo, o Darth Vader, ex-namorado de uma amiga que tinha o bico do peito perfurado por uma peça metálica em formato de algemas. Mas, como sempre tive uma queda por homens altos, sou obrigada a reconhecer que a probabilidade de eu engatar numa relação com um pigmeu de um metro e quarenta e cinco, mesmo que seja um homem-cegonha, é praticamente nula.

Rafa usa o seu conhecimento de osteopata para realizar técnicas de manipulação musculoesquelética em Matthew. Perco o interesse nas cegonhas e presto atenção nas manobras manuais suaves do espanhol, que vai alinhando o quadril e a coluna lombar do americano. Quando ele termina, Matt está com aquela expressão de bem-estar que percebemos no rosto dos outros depois de uma sessão de massoterapia ou cafuné: é um olhar desfocado e enlevado que sempre me faz pensar em sorvete derretendo.

"Minha vez!", declaro com incrível maturidade. Entrego minhas articulações e vértebras às mãos experientes do Rafa e, enquanto ele as manipula, exerce pressão, estende, dobra e estala, eu vou sentindo o corpo relaxando e a cerveja chacoalhando de um lado para outro dentro da minha cavidade estomacal. De repente, eu me lembro de um professor de voz na escola de teatro que pediu para um aluno se deitar de costas no chão, inspirar e soltar o ar, enquanto ele empurrava os joelhos dobrados do ator em direção ao peito. Nós assistíamos em semicírculo e, para o horror do pobre aluno e choque para a turma, na primeira vez em que os joelhos do rapaz foram ao encontro do peito, ouvimos um estrondoso peido retumbar pela sala. Houve um breve silêncio e, logo em seguida, de forma ainda mais energética, o professor novamente investiu na manobra e uma segunda vez, um flato escapou

— verdade que um pouco menos ruidoso dessa vez. A essa altura o breve silêncio era quebrado por alguns risinhos suprimidos. O exercício continuou com crescente velocidade e cada manobra física era acompanhada por um pequeno gás sonoro, até que a turma inteira não se conteve mais e um riso coletivo ecoou pela sala, os mais dramáticos rolando no chão de tanto rir.

"O que é tão engraçado?", indagou irritado o professor.

"É, o que é tão engraçado?", vociferou o aluno vermelho--escarlate.

"Nada", respondemos em coro, explodindo numa gargalhada histérica.

Esse episódio me tornou consciente de que nem sempre temos o controle da passagem de gás pelos nossos esfíncteres anais quando alguém está judiando das nossas articulações. Assim, com esta lembrança, o meu corpo trava um pouco e quando o Rafa encerra a manipulação osteopática em mim, a expressão no meu semblante está levemente tensa e em nada lembra sorvete derretendo.

01/05 (dia 16)
Boadillas de Camino a Carrión de los Condes - 25 km

As duas torres cilíndricas da igreja românica San Martin em Frómista estão de cabeça para baixo. O sangue pulsa em minhas têmporas enquanto tento sustentar a parada de mão apoiada na parede, mas alguns segundos são o máximo que consigo manter o equilíbrio antes do meu corpo tombar para o lado direito e eu cair que nem uma jaca, a camisa enrolada na cabeça. Um vira-lata maltrapilho me observa com as orelhas em pé e o olhar desconfiado. Ofereço-lhe um pouco de água numa cuia improvisada com um pedaço de plástico e ele bebe de forma ruidosa até a última gota. Ficamos um bom tempo nos olhando e é como se eu conseguisse ver a alma do animal por detrás dos tristes olhos amarelados. Depois de algum tempo passado na companhia do meu novo amigo, despeço-me dele com um afago em sua pelagem longa e mosqueada. No entanto, depois de alguns passos, percebo que o quadrúpede me segue como se tivesse me elegido sua mais nova dona. Eu tento dissuadi-lo com movimentos bruscos dos braços, mas ele abana o rabo e não arreda a pata. Assim, eu e o peludo de Frómista seguimos juntos pelos próximos quatro quilômetros até o vilarejo de Población de Campos, onde ele finalmente decide dar meia-volta, no exato momento em que começo a repetir o refrão de "*What's up*", do 4 Non Blondes:

And I say, hey hey hey hey
I said hey, what's going on?
Ooh, ooh ooh
And I try, oh my god do I try
I try all the time
In this institution
And I pray, oh my god do I pray
I pray every single day
For a revolution!!!

Com certeza o pobre cão pensou que era melhor morrer desidratado na pracinha em Frómista do que ter que me aguentar cantando até Compostela. Chego a Carrión de los Condes um pouco depois da uma da tarde, o que é significativamente cedo para os meus padrões. Saíra de Boadilla enquanto a maioria dos peregrinos ainda dormia, e assim, não tinha conseguido me despedir do Rafa, que a essa altura já deve estar de volta a Bilbao, nem do Matthew, que muito provavelmente ainda encontrarei pela frente. A cidade medieval de Carrión conta com um faustoso patrimônio que compreende monumentos góticos, igrejas românicas e conventos de ampla relevância religiosa. Passo a tarde deambulando pelo centro histórico, parando para fotografar a fachada renascentista do Monastério de Santa Clara; a esplendorosa Igreja de Santiago, cujo conjunto escultórico do frontispício é realmente maravilhoso; e a pulquérrima Ponte Maior, originalmente erguida no final do século XI e renovada no século XVI. Sento-me na ponte românica para comer um sanduíche de salame e tomate, e contemplar o rio Carrión, cujas águas calmas e turvas correm logo abaixo carregando folhas secas e galhos em seu curso. O sol morno e o burburinho da água vão me embalando até que adormeço sentada com as pernas cruzadas e as costas escoradas na mureta de pedra aquecida. Sou acordada por um sopro de vento frio e, quando descerro preguiçosamente os olhos, vejo que o tempo virou. Não sei precisar se permaneci minutos ou horas naquela posição, mas quando me levanto, sinto aquela leve dor nas nádegas de quem passou tempo demais sentada numa almofada de pedra. Eu me espreguiço, estico e alongo o corpo, totalmente alheia ao fato de que um homem me observa do outro lado da ponte. Ele enrola um cigarro de palha e parece bastante entretido com a minha ginástica de despertar. Quando me apercebo da sua presença, ele sorri e eu sorrio de volta. Enquanto bato o pó das calças, ele atravessa a ponte e anda até mim, quer saber onde está o meu cachorro. Tinha passado por mim no seu táxi, enquanto conduzia um casal de noruegueses de Burgos até Carrión de los Condes, e havia me visto caminhando com o animal. Explico que o cachorro não era meu e que ele havia desistido de investir a sua lealdade canina em mim depois de me ouvir cantando.

"Não pode ter sido isso. Os cachorros na Espanha adoram música."

"Não da minha." Dou uma palinha do meu talento musical. "*And I say, hey hey hey hey I said hey, what's going on? Ooh, ooh ooh.*" O homem ri e diz de forma brincalhona que se fosse o cão teria feito o mesmo.

Chama-se Javi, é baixo, roliço, e com a barba levemente grisalha por fazer. Ele me conta que trabalha como motorista de táxi em Burgos e não raro transporta peregrinos, ou as suas mochilas, até povoados, cidades e províncias adjacentes. Caminhamos juntos de volta para o centro histórico e nos despedimos com um efusivo aperto de mão. Antes de seguir, ele me entrega o que afirma ser o seu último cartão, dizendo que poderia ligar para aquele número caso quisesse pular alguma etapa do Caminho, ter minha mochila transportada para algum ponto específico, ou simplesmente desejasse conhecer a região. Estava determinada a atravessar a Espanha a pé, e assim, como não iria precisar de nenhum serviço de táxi, não acho justo ficar com o seu último cartão, digo gentilmente devolvendo-o a ele. Mas Javi insiste, alegando que nunca se sabe o dia de amanhã e que poderia precisar substituir minhas duas pernas por quatro rodas, acrescenta com um largo sorriso de dentes escurecidos pela nicotina.

À noite sonho que estou dentro de um táxi que sobe em alta velocidade intermináveis rampas de um edifício garagem abandonado. Não consigo ver o rosto do motorista, só vejo a base da sua nuca por onde escamas ressequidas e pontiagudas protuberam por baixo dos cabelos, um emaranhado de caracóis de minhocas lustrosas e repugnantes. Há um cheiro pungente e acre de carne podre no ar e, quanto mais subimos, mais a luminosidade rareia e mais sombrios se tornam os estacionamentos ermos. Finalmente o motorista para à porta de um imenso elevador de aço galvanizado, velho e dilapidado, e sai do carro, batendo a porta com truculência. Estou encerrada no veículo e os socos desembestados que desfiro contra os vidros das janelas não produzem som algum. A porta do elevador se abre lentamente e, antes de conseguir compreender plenamente o que está prestes a acontecer, o motorista de táxi pula no tenebroso fosso segurando um cabo de aço que, para o meu assombro, está preso ao carro. Com um tranco brusco, o táxi é puxado para dentro do poço do elevador e, enquanto eu despenco no abismo macabro, vejo os olhos demoníacos de meu algoz sorrindo para mim. Acordo sobressaltada e fico no escuro do albergue refletindo um pouco sobre o estranho sonho que no fundo eu sabia que de estranho não tinha nada...

Um ano e quatro meses antes
22 de dezembro de 2007

Revezamo-nos no microfone do karaokê para cantar "Don't stop believin", do Journey, em um bar de gosto duvidoso em Londres. Sim, eu insisto em cantar. O inalcançável tom agudo desta música me obriga a desafinar do começo ao fim, mas o quarto *mojito* de mirtilo me faz crer que eu tenho o poder vocal da Mariah Carey, apesar de identificar na minha amiga Lucy o poder vocal de uma gralha quando é a vez dela de soltar a voz. Estou celebrando a minha despedida da terra da Rainha antes de partir na manhã seguinte para a terra do Tio Sam. Combinei de passar o Natal em Nova York com um ex-namorado-e-atual-amigo, na casa da sua família em Syracuse. Ele estaria vindo de L.A., cidade onde mora há uma década, e eu de Londres, cidade onde passei os últimos seis meses. Iríamos nos encontrar no aeroporto internacional JFK e juntos embarcaríamos no último voo para Syracuse, situada no norte do estado. Eu não o vejo há três anos e estou ansiosa pelo reencontro.

A sala de embarque do aeroporto londrino está abarrotada de pessoas e todos os assentos estão ocupados, portanto eu me sento no chão e, com as mãos trêmulas, tento colocar um saquinho de açúcar no café para ver se espanto a ressaca e o sono, mas o líquido preto só faz irritar ainda mais as minhas mucosas gástricas. Havia dormido apenas três horas antes de ser acordada pelo serviço de táxi que me trouxera até o aeroporto de Heathrow. Estou sempre me despedindo de cidades e pessoas em países distintos e parece que voar sem o fígado estava se tornando a regra. Com autoaversão, penso na minha performance a La Carey, gravada no meu celular pelo namorado de Lucy na noite anterior. Deveria entrar no livro dos recordes Guinness como o momento mais constrangedor da História. Sinto um profundo alívio ao pensar que minha adolescência inteira fora vivida na era pré-celular e, assim, conseguira escapar ilesa de ter cenas esdrúxulas minhas compartilhadas nas mídias sociais, como, por exemplo, vomitando em mim mesma, lutando fisicamente com algum namorado mulherengo, fazendo sexo desajeitado com o vizinho espinhento ou dormindo bêbada de boca aberta dentro do armário. Apago a gravação comprometedora com um calafrio e embarco arrotando rum e mirtilo. Infelizmente não tinha conseguido nenhum voo direto para NY que se encaixasse dentro da minha realidade financeira, portanto teria que voar até Boston primeiro e depois pegar uma conexão até NY. Irei encarar três decolagens e três aterrissagens numa viagem longa e cansativa, a tortura do dia que tenho pela frente agravada pelos efeitos da ressaca que, no momento incluem: náusea, boca seca, tremores, irritabilidade, dor de cabeça e um ligeiro desconforto gastrointestinal para fechar com chave de ouro o meu mal-estar. Como o voo é diurno, eu não consigo dormir e, assim, passo as próximas sete horas e vinte minutos agonizando nas nuvens. Depois do que parece ser uma eternidade, eu finalmente aperto o cinto de segurança para a segunda decolagem da minha baldeação, me sentindo, pela primeira vez no dia, um pouco menos abjeta. Enquanto o pássaro de metal ganha altitude e as luzes de Boston vão se tornando cada vez mais distantes, sinto um frio percorrer minha barriga ao pensar que me aproximo cada vez mais do meu passado. Fecho os olhos e fico escutando "Bittersweet symphony", do The Verve, no *repeat* até o vocalista ficar rouco.

A esteira está vazia e apenas eu e uma senhora asiática ainda não recolhemos as nossas malas que, a essa altura, é óbvio, tinham sido extraviadas. Descobrimos que as bagagens tinham sido colocadas no voo seguinte ao nosso em Boston e chegariam na próxima hora e meia. A depravação de sono, as treze horas de locomoção entre a casa de Lucy em Londres e o aeroporto em Nova York, a ressaca, o frango *kiev* do avião, o *jet lag*, a cara de orifício anal com cãibra da atendente à minha frente e a espera incerta pela mala extraviada me colocam em risco iminente de um colapso nervoso. Olho para a asiática que não move um músculo facial sequer e tento me inspirar no seu autocontrole de samurai. Coloco "Bittersweet symphony" no *repeat* mais uma vez e me sento imóvel ao lado dela, com o mesmo olhar fixo e sereno na porta, de onde muito provavelmente sairiam a Samsonite dela e a minha mochila estilo *roots*. Com o coração disparado, consigo chegar ao terminal de embarque da JetBlue faltando exatos 57 minutos para que o terceiro e derradeiro voo da viagem decole. Fico ansiosamente aguardando na área de check-in o momento de ver o rosto familiar do Jeff, seguramente o homem que mais amei num relacionamento amoroso. O tempo decorre aflitivamente sem o menor sinal dele e, então, subitamente tenho um pressentimento horrível de que tinha entendido algo errado na nossa comunicação virtual. O painel anuncia a última chamada para o voo em que, supostamente, eu deveria estar. Eu estou incomunicável, pois o meu celular com chip europeu não funciona na América. A fila é quilométrica e eu tenho vontade de gritar. A minha passagem aérea havia sido comprada por ele, logo, eu não tenho um bilhete eletrônico ou sequer o número do código de reserva. Terrivelmente transtornada com a possibilidade de perder o voo, apelo para um policial com as proporções de um armário que, visivelmente comovido com a minha narrativa esbaforida e imbuído de espírito natalino, me oferece o seu celular para ver se conseguia reverter o desfecho sorumbático da minha viagem que, a essa altura, parece inevitável. O telefone toca e, quando o Jeff atende do outro lado da linha, o meu "Oi sou eu..." é interrompido pela pergunta dele feita num tom, ao mesmo tempo, de incredulidade e raiva: *"Where the fuck are you, Sam?!"* Sua voz está carregada de frustração enquanto ele me explica, como se fosse óbvio, que os passageiros que vieram de L.A. estavam fazendo uma conexão doméstica e, por isso, não precisaram fazer o check-in novamente no JFK, tiveram apenas que se deslocar internamente pelo aeroporto até o segundo voo. O plano, segundo ele, sempre fora encontrá-lo dentro do avião.

"Mas eu não tinha um bilhete, J...", argumento sem muita convicção.

"Era só você apresentar o seu passaporte no check-in!", ele rosna do outro lado e dessa vez eu detecto um tom acusatório, de quem diz que uma situação como essa, tipicamente ababelada e dramática, é previsível quando se trata de mim. As portas do avião já tinham sido fechadas. Devolvo o celular para o *Power Ranger* Michael que me dá uma palmadinha de consolo no ombro e se afasta não querendo se envolver mais com o meu drama pessoal. Sinto algo muito parecido com desespero: estou sozinha, a dois dias do Natal, a 7.767 quilômetros de casa e com pouco dinheiro. Sento-me na minha mala e começo a chorar pateticamente como se fosse uma garotinha perdida no aeroporto. Um atendente de um dos balcões me chama: "Ei, senhorita!". Limpo o ranho do nariz e, cheia de autopiedade, me aproximo do funcionário que é uma versão afeminada do Bradley Cooper. Ele pede o meu passaporte e diz que irá me colocar no próximo voo para Syracuse às 5:05 na manhã seguinte. Agradeço com suspiros, gritinhos de alegria, interjeições de salvação e, depois de guardar o bilhete que ele me estende, dou-lhe um beijo na mão, como se ele fosse o Don Corleone, deixando um leve rastro de muco nasal no seu dorso. O relógio do saguão está marcando 23:17 e para mim é como se fossem 4:17 da manhã, estou há quase 24 horas sem dormir. As luzes fluorescentes do aeroporto e as cadeiras duras e desconfortáveis tornariam até mesmo um breve cochilo impossível para mim. Estou extremamente irritadiça e nunca desejei tanto deitar numa cama, em um lugar escuro e silencioso. Sem titubear, decido ir até um dos hotéis nos arredores do aeroporto, afinal é exatamente para me proteger contra momentos como esse que carrego o meu talismã Mastercard. Entro no táxi e peço ao motorista para me levar até o Holiday Inn mais próximo. Ele me olha pelo retrovisor e diz que se eu não tiver uma reserva será difícil conseguir um quarto disponível às vésperas do Natal. Conta-me que havia deixado três passageiros lá nas últimas duas horas, parecendo levemente entretido com a sugestão de que a minha missão seria um fracasso anunciado. Peço a ele para me esperar enquanto checo a disponibilidade na recepção. Quando o *concierge* me informa que o hotel está lotado, o meu coração afunda no peito e eu retorno para o táxi segurando lágrimas de frustração. *Eu preciso dormir*! O motorista me olha pelo espelho retrovisor gigante e, com o inegável e carregado sotaque indiano, diz que eu não encontraria nenhum quarto vago a essa hora e que, se tivesse a sorte de encontrar um, provavelmente teria que desembolsar por volta de trezentos dólares. O otimismo dele me parece ser inquestionavelmente o seu traço mais marcante. Começo a entender porque a privação de sono é usada como técnica de tortura: eu não consigo mais pensar com clareza, só quero me deitar no banco do táxi e colocar a minha mente em modo silencioso. Quando penso no aeroporto com sua luz de centro cirúrgico, as lágrimas que tanto tentei suprimir descem traçando riscos pretos de rímel nas minhas bochechas. Não faria sentido ir até Manhattan, pois além de ser muito dispendioso, teria que retornar ao aeroporto dentro de quatro horas e meia. O homem me estuda pelo retrovisor, enquanto o taxímetro roda de forma frenética e eu roo as cutículas tentando pensar numa solução. Com a tranquilidade de um iogue, o homem me diz que sabe que eu estou em apuros e que, se quisesse, poderia dormir algumas horas na sua casa que fica próxima ao aeroporto e ele me traria de volta na hora necessária. Agora é a minha vez de estudá-lo pelo retrovisor colossal: o turbante branco amarrado na cabeça do homem emaciado é símbolo religioso do sikhismo, assim como a barba espessa e negra que lhe cobre todo o lábio superior, o formato do rosto é anguloso e as bochechas parecem encovadas por debaixo dos pelos faciais, os olhos muito escuros têm os cantos caídos e eu não consigo identificar nem bondade nem maldade em seu olhar. Tento ler o seu nome na identificação de motorista que está afixada no para-brisa e, ao sentir a minha hesitação, o homem de nome impronunciável abaixa o visor solar e me mostra com orgulho o seu *green card*.

"Viu? Eu tenho *green card*!" Esse comentário só evidencia a cratera cultural que existe entre nós. "Você comer algo e descansar na minha casa. Eu sou homem bom. Eu trazer você de volta para aeroporto."

Como eu não respondo, ele se vira para trás e me encara pela primeira vez. Olho no fundo dos seus olhos buscando alguma coisa que me diga que eu posso confiar nele, no entanto, a minha capacidade de julgamento está seriamente comprometida pela falta de sono. Não consigo ouvir a minha intuição, a falta de luminosidade no táxi parece induzir o meu cérebro a produzir melatonina — o hormônio do sono —, as minhas pálpebras estão pesando, eu não consigo mais ler nem a situação presente, nem o rosto do homem que, de repente, se transformara num gigantesco *cupcake* com um enorme suspiro branco em cima. "Ok, muito obrigada", digo rendendo-me à reconfortante ideia de horizontalidade. Encosto minha cabeça no vidro gelado da janela do carro e, por entre as fendas dos meus olhos, olho para a paisagem urbana chafurdada na neve acumulada, enquanto seguimos em silêncio, ziguezagueando pelas ruas desertas em alguma parte remota do distrito de Queens. A luz quente e alaranjada dos postes, o movimento do carro entrando suavemente nas curvas e o ranger monótono dos pneus contra a neve fresca vão me embalando e pela primeira vez na vida adormeço com os olhos abertos. O carro para numa rua sem iluminação alguma; elevadas pilhas de neve escondem os canteiros, hidrantes e carros estacionados; as janelas silenciosas das casas não denotam vida alguma por detrás delas. Quando abro a porta do carro, um vento gélido me esbofeteia a cara, fazendo com que duas lágrimas de frio escorram. O homem me ajuda com a minha mochila e eu o sigo com passos cautelosos para não escorregar no gelo. Ele entra num beco sinistro e sombrio e, desta vez, ouço os sussurros da minha intuição me dizendo para recuar, no entanto a voz na minha mente me garante que coisas horríveis só acontecem com outras pessoas e não comigo. O beco segue por aproximadamente uns cem metros, me afastando cada vez mais da rua e do possível olhar de um vizinho insone pela fresta de uma cortina. Está tão escuro que passo a seguir apenas o branco do turbante do homem, que vira abruptamente para a esquerda, desaparecendo por alguns segundos do meu campo de visão. Estamos num pequeno pátio cheio de latas de lixo atulhadas enfileiradas contra um dos muros da área que é isolada pelos fundos de três prédios. Olho para cima, mas todas as luzes dos apartamentos estão apagadas. Na escuridão, eu não consigo identificar nenhuma porta ou entrada que dê para o pátio. Então o homem se agacha, enfia uma chave em algo que parece ser um cadeado no chão, e gira fazendo um clique. O som pavoroso de uma corrente raspando contra o metal me leva a crer que o que quer que ele esteja abrindo levaria para baixo da terra, e era justamente para lá que ele estava me levando também.

"Senhoritas primeiro", diz, segurando uma das portas.

Uma débil luz rosada vem de baixo e uma escada precária com inclinação de 75 graus conduz para o local nauseante que o homem chama de casa. O meu coração está tão acelerado que sinto as batidas pulsando freneticamente no meu pescoço. Tento me convencer de que essa noite não será a data da minha morte; sim, eu terminantemente me recuso a morrer hoje. Inspiro o ar cortante da noite encoberta antes de me posicionar de costas para o buraco, prestes a realizar um dos atos mais incompreensíveis e estúpidos da minha vida: desaparecer no porão de um motorista de táxi indiano em um país estrangeiro. Com pernas vacilantes, eu desço os sete degraus rangentes da escada, desvanecendo no universo subterrâneo daquele desconhecido. Com alguma dificuldade, o homem finalmente consegue descer com os meus 17 kg de bagagem e, com a respiração ainda ofegante pelo esforço, acomoda-a num canto do cômodo escuro. Ele caminha lentamente de volta para a escada e, para o meu horror, puxa para baixo as duas chapas de metal que servem de porta, encerrando, com um som metálico doentio e seco, o porão do resto do mundo. O indiano acende uma luz no minúsculo recinto de teto baixíssimo, revelando uma pequena cozinha. A pia está cheia de pratos, tigelas e panelas sujas empilhadas. O ar opressivo do ambiente sem janelas carrega um cheiro rançoso de *curry* e alho. À direita, num prolongamento da cozinha, há um pequeno altar revestido com tecido dourado, onde um livro sagrado, iluminado por uma luz âmbar rosado, repousa sobre um material acolchoado. Depois de rapidamente percorrer com os olhos o aposento, eu olho para baixo e o que eu vejo me faz estremecer violentamente: o carpete verde, manchado e desbotado, é um mar de baratinhas mortas de barriga para cima. Centenas e centenas de insetos repulsivos cobrem quase toda a extensão do carpete, exceto onde o homem presumidamente varrera as 'carcaças' para o lado, para não ter que esmagá-las no percurso que conduz até o próximo cômodo. Como é que um ser humano pode viver em condições tão insalubres? Eu o sigo até o quarto de paredes sujas e desbotadas, onde há apenas uma cama sem cabeceira e um armário sem uma das portas. Ele anuncia que irei dormir ali e sai sem fechar a porta. Eu me sento na cama, petrificada, com nojo até do ar que entra pelas minhas narinas. O homem retorna com dois travesseiros e coloca-os lado a lado sobre o colchão duro com um meio sorriso. Eu agradeço e devolvo-lhe um dizendo que não preciso dos dois. Ele empurra o travesseiro de volta delicadamente, dizendo que um deles era para mim e o outro para ele. Eu não sou exatamente uma jovem ingênua de 20 anos, como é que pude interpretar tão equivocadamente as intenções dele? A minha corrente sanguínea recebe uma injeção de adrenalina tão intensa que eu pulo da cama com a minha bolsa entre os braços, me afastando dele até ficar encurralada em um dos cantos do quarto como um animal acuado. Minúsculas adagas me alfinetam as têmporas e eu sinto como se o meu corpo inteiro estivesse recebendo uma descarga contínua de pequenos choques elétricos de baixa voltagem; a minha respiração superficial e curta se torna ofegante e as batidas do meu coração parecem esmurrar o meu peito.

"Por favor, não me machuque!", é a única coisa que consigo dizer repetidamente num tom histérico, enquanto estico um dos braços para frente com a mão espalmada, num gesto de: não se aproxime!

Inesperadamente, o homem parece ficar assustado com a minha reação e recua em direção à porta, tirando algo do bolso.

"Meu *green card*! Você segura meu *green card*!", me diz, num tom exasperado, sacudindo o documento no ar.

Depois de uma breve hesitação, eu ando cautelosamente em sua direção e, sem me aproximar muito, arranco-o da sua mão. Embora o passaporte não seja exatamente uma espada ou um machado *sikh*, é a única arma de defesa que disponho dentro da circunstância insólita em que me encontro.

"Você deitar sozinha no outro lugar. Fica com documento. É tudo que tenho." Eu o sigo de volta pela trilha de baratas até o terceiro cômodo do porão-casa, perigosamente armada com o *green card*. No ambiente, igualmente mefítico, há um colchonete mirrado e encardido no chão com três almofadas encapadas com tecido espalhafatoso; uma estante praticamente nua, não fosse por alguns livros de tema religioso, escritos em um alfabeto indecodificável por mim, e um quadro retratando um ancião de barba branca espessa e turbante na cabeça, provavelmente um guru religioso, pendurado em uma das paredes.

"Eu acordo você 4:15, aeroporto fica dez minutos." Ele sai e fecha a porta atrás de si.

Com a luz acesa, eu me deito no colchonete, sem tirar as botas ou o sobretudo. Tiro um isqueiro da bolsa e coloco-o entre as minhas mãos trêmulas e suadas junto com o *green card*. Apoio a cabeça na minha bolsa e permaneço ali, paralisada, os olhos arregalados fixos na porta. Se ele fosse realmente um psicopata, já teria me atacado, no entanto eu não consigo baixar a guarda: fico esperando ouvir seus passos a qualquer momento voltando em direção ao lugar onde estou encurralada; a porta se abriria lentamente e, por alguns segundos, eu veria seus olhos de peixe morto antes de divisar a aterrorizante lâmina pontiaguda que interromperia a minha vida para sempre. Ninguém que me ama no mundo imagina que, neste exato momento, eu estou debaixo da terra com um homem estranho, aterrorizada com a ideia de morrer de forma violenta e dolorosa. Penso nos meus pais, que teriam suas vidas estraçalhadas pela minha irrevogável ausência do mundo, na angústia crônica que sentiriam por ter que continuar vivendo sem jamais saber que fim eu tinha levado. Esse pensamento me enche de uma tristeza tão profunda que eu começo a sufocar com o choro que fica preso na minha garganta. Os segundos se transformam em minutos que se transformam em horas e eu ali imóvel e alerta. Estou segurando o xixi desde que aterrissei em NY e sinto uma dor tão aguda na região da bexiga que parece que vai arrebentar. A ideia de abaixar as calças naquele recinto me causa náusea, mas eu já não consigo mais controlar o esfíncter responsável por impedir a saída da minha urina e pequenas gotas começam a escorrer pela parte interna da minha coxa. Eu tiro as botas e ando em silêncio na ponta dos pés até a porta, abrindo-a em câmera lenta. Para meu alívio, ouço o ronco pesado do *sikh* vindo do quarto do outro lado da cozinha, e assim, com o coração acelerado, deslizo até o banheiro com o *green card* e o isqueiro na mão. Fico no escuro do banheiro sem tranca, urinando silenciosa e demoradamente na louça da privada para não fazer barulho na água. Quando saio, sem puxar a descarga, o homem felizmente ainda está dormindo.

São 4:17 da manhã. As chapas de metal do porão se abrem com o mesmo desagradável ruído rangente, provocando um calafrio pelo meu corpo novamente. O meu coração palpita com a mesma velocidade e intensidade, as minhas pernas estão igualmente bambas, só que desta vez, a descarga de adrenalina que sinto na minha corrente sanguínea é proveniente de uma ansiedade arrebatadora de sair daquele buraco. Do lado de fora, o ar gelado entra pelas minhas narinas me arremessando violentamente de volta à vida. Inspiro profundamente todo o ar que eu consigo fazer caber nos meus pulmões, numa desesperada tentativa de expulsar o ar viciado e fétido que tinha circulado pelo meu corpo nas últimas quatro horas, irrefutavelmente as mais longas e nauseabundas da minha vida. Embora ainda esteja escuro e a rua continue sem vivalma, o pavor começa aos poucos a se dissipar. Antes de entrar no táxi do homem pela última vez, eu me abaixo e pego um pouco de neve fresca do chão que esfrego no rosto até queimar. O sentimento de gratidão por continuar viva é tão contundente que lágrimas grossas e quentes de felicidade descem molhando o meu pescoço por baixo do cachecol. Em silêncio retomamos o mesmo percurso de volta ao aeroporto. Antes de saltar do carro, o indiano me entrega um pedaço de papel com o seu nome e telefone e diz:

"América é muito bom lugar. Você quer viver aqui, eu te dou *green card* e você me dá bebê. Pensa e pode ligar." Ele me entrega o "cartão de visita" com um sorriso obsceno nos lábios. Devolvo-lhe o cartão e o seu maldito passaporte e em português digo:

"Enfia o seu *green card* no cu."

"Obrigado!" Ele arranca com o carro dando duas buzinadas leves e rápidas. Desapareço atrás das portas automáticas do aeroporto JFK sem olhar para trás.

02/05 (dia 17)
Carrión de los Condes a Terradillos de los Templarios - 26,6 km

O antigo caminho romano segue praticamente inalterado por aproximadamente dezessete quilômetros. O trecho plano e desértico é totalmente desprovido de sombra, curvas ou fontes, além de não haver na prolongada e fastidiosa reta uma única vila para uma parada ou um café. Para agravar a situação, o sol, particularmente forte hoje, faz com que minha marcha, depois de algumas horas, seja deveras afetada pelo calor. Tomo um gole de água, mas o líquido desagradavelmente quente escorrega pelo meu esôfago até o estômago sem conseguir aplacar a minha sede. Com o resto da água cálida, molho minha pequena toalha azul que enrolo na cabeça para ver se me refresca um pouco, mas fora me deixar com ares de baiana, não sinto muita diferença. O suor escorre pelo meu sutiã, encharca as minhas costas e entra nos meus olhos, provocando ardência. Sigo por quase dez quilômetros me maldizendo por ter iniciado o dia tão tarde. Talvez se tirasse os tênis e as meias e deixasse os pés respirarem um pouco, conseguiria aliviar em algum grau o meu desconforto. Encosto a mochila numa pedra para tentar fazer uma sombra que me protegesse, mas como o sol está a pino, a projeção é tão mirrada que nem mesmo um besouro conseguiria se abrigar ali dos tentáculos solares. Como se não bastasse o fato de que as contrariedades iam se aglutinando como uma quadrilha mal-intencionada para prejudicar qualquer sentido de prazer que pudesse extrair da minha caminhada de hoje, tenho ainda de quebra uma bolha na sola do pé que, embora irrisória, arde tal qual uma picada de sucuri. Fico ali de mau humor, torrando os miolos e olhando para formigas que seguem uma trilha carregando folhas cujo peso proporcionalmente deve ser como um ser humano carregar algumas toneladas nas costas. Tento buscar inspiração na cena insólita, mas é em vão, nem mesmo as implacáveis operárias conseguem me animar. Calço as sandálias, penduro os tênis e as meias no topo da mochila e sigo amaldiçoando um peregrino bem-disposto que passa por mim cantando. Sei que não devo focar minha atenção no martírio que sinto ao caminhar sob o sol escaldante, portanto, num esforço consciente para ignorar o calor, decido forjar imagens mentais de coisas geladas para ver se ajuda, como blocos de gelo translúcido, um mergulho entre os icebergs da Groenlândia, a calota polar do Ártico, uma garrafa trincada de Stella Artois recém-saída do freezer... Surpreendentemente, por alguns minutos eu deixo de focar no meu desconforto e, com essa realização, sinto-me compelida a escarafunchar o compartimento mental onde estão armazenadas todas as minhas experiências com o frio...

Estou andando sozinha no Parque Tiergarten em Berlim. O ano é 2007, o cenário glacial. Sim, decididamente investir na lembrança dos detalhes congelantes dessa vivência me afastaria, mesmo que por apenas um breve momento, da realidade abrasante da caminhada.

Minhas botas estão chafurdadas até os joelhos na neve fresca e imaculada. O couro fino e os solados inadequados do calçado não conseguem mais oferecer nenhuma resistência, swish, slosh, meus pés estão inundados de água dentro dos sapatos e queimam de frio. Cristais de gelo em flocos revestem cada galho e ramo das árvores despidas. Lembro bem. O vento sopra lufadas enregelantes, os flocos de neve se desprendem das árvores, flutuam, rodopiam delicadamente no ar até tocarem-me o rosto com minúsculas ferroadas... Sim, está funcionando. Os tons arruivados do crepúsculo matizam o resplandecente céu hibernal e, apesar da beleza irretocável da paisagem, o meu corpo estremece tão violentamente que a experiência vai se tornando traumática. Estou perdida há algum tempo e não há ninguém dentro do parque para pedir informação. Vou deixando pegadas fundas e hesitantes no tapete alabastrino, enquanto tento me orientar a partir da minha bússola cerebral. Mesmo só desejando voltar para o hotel e passar uma hora com o corpo imerso em uma banheira de água quente, estou determinada a encontrar a estátua de anjo retratada no filme *Asas do desejo*, de Wim Wenders. Finalmente, um pouco antes de o parque mergulhar na escuridão, eu desemboco numa larga avenida e, quando viro meu olhar para a direita, ali está ela, soberbamente empoleirada sobre uma monumental coluna erigida na confluência de cinco avenidas movimentadas. Atravesso uma pista de carros em alta velocidade, quase sendo atropelada na minha ânsia de chegar à rotatória e galgar os duzentos e oitenta e cinco degraus que me separam do cenário do filme que marcou a minha adolescência. No entanto, para o meu total desânimo, encontro o local fechado, não há absolutamente ninguém ali além de mim! Desolada, sento-me nas escadarias para fumar um Marlboro vermelho, violentas tragadas de frustração entre os dedos trêmulos e petrificados pela temperatura de dez graus Celsius negativos. Os faróis dos carros que por ali trafegam me cegam e me fazem sentir estranhamente só. É como se todos os sobreviventes de uma nova era glacial existissem apenas dentro de carros velozes e aquecidos pelo sistema de calefação, e eu fosse o único ser humano apto a sobreviver no ar da troposfera, fora da clausura automotiva: uma mutante que, a pé, perambulava pelas ruas revestidas de gelo em busca do anjo salvador. Anos depois vim a saber que a magnífica estátua dourada em bronze no topo da coluna não era um anjo, e sim, Vitória, a deusa grega que personifica o triunfo e a glória, e que foi erguida como símbolo das vitórias militares prussianas sobre a França, Dinamarca e Áustria. O fato é que, além de não conseguir conhecer a estátua eternizada num dos grandes clássicos da sétima arte, ainda peguei uma pneumonia devido à minha prolongada exposição ao frio brutal que se abateu sobre a cidade de Berlim naquele dia.

Enquanto percorro os quilômetros subsequentes até Terradillos de los Templarios, vou me recordando de outras experiências penosas que tive com temperaturas muito baixas e, quando finalmente chego ao meu destino e peço uma cerveja estupidamente gelada no primeiro bar que vejo, decido que os sensores na minha pele responsáveis por registrar a temperatura e determinar minha sensação de frio ou calor estão bem mais preparados para tolerar o longo e escaldante "deserto" da Meseta do que qualquer um dos contextos gélidos que já tinha experienciado!

03/05 (dia 18)
Terradillos de los Templarios a Bercianos del Real Camino - 23,4 km

Ninguém consegue se lembrar do nome da cidade de onde está vindo. Depois de Burgos, todos os povoados parecem ter pelo menos três palavras no nome, muitas delas com a mesma cadência silábica como Hornillos, Terradillo, Boadilla, Calzadilla, o que leva Peter, um jovem austríaco, a nos informar que estava vindo de *Bocadillo* (sanduíche) *del* Alguma Coisa. A confusão do rapaz provoca uma gargalhada geral no nosso pequeno grupo. Quando alguém consegue enfim acertar o primeiro nome do lugar, acaba invariavelmente errando o segundo, uma vez que variantes tais quais *de Campos*, *del Camino* e *del Real Camino* são recorrentes para designar o nome composto dos municípios neste trecho. Além da dificuldade que encontrávamos em nomear as etapas que tínhamos percorrido nos últimos dias, os diferentes livros presentes traziam informações disparatadas quanto às distâncias trilhadas, assim, dependendo da nacionalidade ou publicação do livro, 23 quilômetros poderia ser 23,4 quilômetros, 24 quilômetros ou até mesmo um discrepante 25,3 quilômetros.

Faz bastante calor e um vento seco sopra, carregando poeira e partículas de pólen no ar, fazendo com que eu sinta uma coceira recalcitrante no nariz. Estamos sentados à volta de uma mesa de piquenique defronte à Ermida de La Virgen del Puente, uma interessante construção de estilo mudéjar, erigida no século XIII como ermida e hospital para peregrinos, e cujo nome se deve a sua construção junto à pequena ponte românica sobre o rio Valderaduey. Havia andado os últimos cinco quilômetros com os três jovens que agora estão sentados diante de mim. Além de Peter, os outros dois são: Rose, uma moça da Ucrânia com longos cabelos escuros, rosto comprido, traços fortes, e uma belíssima voz aveludada, de tom grave e fala lacônica, que é um deleite sonoro para os meus ouvidos; e Léon, um francês magricelo e espirituoso que canta o tempo inteiro porque é um cara "*appy*", diz o próprio, com o carregado sotaque francês, omitindo o som do "h" da palavra *happy* em inglês. Léon divide conosco o seu queijo e *jamón* de três dias e Peter, uma garrafa de vinho de qualidade duvidosa, que declino, não por esnobismo, mas porque ainda não é nem meio-dia. Os três estão na casa dos vinte e poucos anos e são os primeiros peregrinos com quem tinha cruzado que fazem o Caminho pelo simples prazer de caminhar. Não há nenhum desejo mais profundo de introspecção ou autoconhecimento, nenhuma motivação espiritual ou religiosa, nenhuma promessa ou provação, apenas o desejo de caminhar num belo cenário paisagístico e talvez, como me esclarece Peter, atravessar um país a pé na busca pela superação do próprio limite físico. Eles são deliciosamente descomplicados e o bom humor jovial e o espírito jocoso do trio fazem com que caminhar junto a eles seja uma experiência fruitiva e leve.

O austríaco quer saber por que eu estou fazendo o Caminho de sandálias e eu digo que é porque adotei o estilo de Jesus que, na sua época, também calçara sandálias durante suas andanças pela Terra. O francês *appy* acha isso hilário e começa a cantar um rap.

"*Yo Yo the Jesus-style, the Jesus-style, here I SantiaGO-go.*" Ele mexe os ombros e quadris com malemolência e termina a composição com um divertido *beatbox*, provocando uma estridente e metralhante gargalhada de hiena no Peter, que por sua vez acaba contagiando a todos nós.

Chegamos a Bercianos del Real Camino incrivelmente tarde, uma vez que fizemos aproximadamente 67 paradas durante nossa caminhada, entre elas, paradas para comer, fotografar, tomar cerveja, enrolar cigarro de palha, contar piada, jogar futebol com uma bota abandonada e ouvir o Léon cantar A Marselhesa em cima de uma pedra, porque, segundo Peter, o amigo estava se sentindo particularmente "*appy*" hoje. Para ele, a caminhada tinha sido espetacular, mesmo com a N-20 — uma autoestrada maçante e azucrinante — correndo paralela ao Caminho durante boa parte do trajeto e do sol da tarde ter elevado a temperatura de tal maneira que até mesmo um camelo do deserto de Gobi teria sentido certo desconforto andando por estas bandas.

Para o meu desânimo e frustração, não há mais camas disponíveis no albergue paroquial. Assim, depois de uma breve pesquisa nos respectivos guias, Rose, Peter e Léon decidem seguir até El Burgo Ranero, uma cidade decididamente maior do que Bercianos del Real Camino e que, dependendo do livro consultado, ficava a 6,62 quilômetros, 7,4 quilômetros ou 8 quilômetros dali. Embora quisesse seguir com eles, estou aniquilada e as minhas pernas não me obedeceriam mesmo que a minha mente estivesse de acordo. Sem saber bem o que fazer, eu desmorono num banco junto à fachada do albergue e, com uma pontada de tristeza, fico olhando enquanto o trio patuscada se afasta com surpreendente disposição e alacridade. O único outro albergue do pequeno município também está lotado, mas de acordo com uma sorridente senhora espanhola que fuma um cigarro à porta do albergue, eu deveria falar com o hospitaleiro, um senhor de espírito altruísta que com certeza remediaria a minha situação. De fato, o meu benfeitor se compadece de mim, dizendo que posso dormir no mesmo quarto que divide com a esposa. Ele gentilmente improvisa um colchonete no chão em um dos cantos do cômodo. Fico tão enternecida com o gesto, que não sei exatamente como retribuir a altura, e só me ocorre assegurar repetidamente ao casal de que eu não ronco.

Um jantar comunitário é servido aos mais de quarenta peregrinos ali presentes e a calorosa comunhão entre aqueles estranhos durante a farta e saborosa ceia é uma experiência que ficará entalhada na minha memória para sempre. Eu rastejo como um réptil no escuro até o meu colchonete para não acordar o benevolente casal de hospitaleiros que dorme profundamente.

04/05 (dia 19)
Bercianos de Real Camino a Mansilla de las Mulas - 26,2 km

Acordo no mais absoluto breu e, passados os primeiros segundos de confusão mental, me lembro que estou deitada no chão do quarto do hospitaleiro e de sua mulher e, embora não consiga enxergá-los, ouço a respiração de ambos, suave e unissonante, atravessando a escuridão do cômodo. Checo o meu relógio de pulso: são 5:30 da manhã. Sinto uma náusea tão pungente que é como se a ponta de uma faca riscasse o meu estômago em ziguezague. Vou vomitar. Saio do quarto às pressas e tento em vão abrir a pesada porta de madeira que dá para a rua, mas ela está aferrolhada. Um vertiginoso jato sobe pelo meu esôfago e, sem alternativa, eu deposito uma furiosa erupção do arroz centrifugado de ontem numa cuia de ferro batido logo à minha frente. É um ato violento, espasmódico, que me deixa zonza e sem ar. Numa tentativa de me recompor, eu puxo o ar frio do que resta da noite para dentro dos pulmões, com força, uma, duas, três vezes. Olho para as minhas vísceras lançadas dentro da cuia e, horrorizada, percebo que ela está acoplada a uma estátua estilizada de Cristo, também de ferro batido. Com amarga ironia penso que dessa vez realmente consegui me superar, qualquer lugar teria sido melhor para expulsar aquilo que me envenenava o corpo e o espírito do que aos pés do Senhor. Olho em volta, mas não consigo encontrar nada para limpar minhas entranhas do ferro sacro, ainda está escuro, não há ninguém desperto e todas as portas estão fechadas. Consumida pelo mal-estar e temendo ser linchada por heresia, arrumo rapidamente a mochila com a ajuda de uma pequena lanterna e saio silenciosamente, fechando a porta do quarto atrás de mim. Um cheiro de café que vem da cozinha me atinge as vias olfatórias com contundência tão nauseante que tenho que fazer um esforço hercúleo para conseguir controlar a erupção de um novo jorro. Cubro o nariz e a boca com uma das mãos e com a outra empurro a porta de saída do albergue, que agora felizmente está entreaberta. Do lado de fora, recebo com alívio o ar fresco matinal que consegue amortecer um pouco a ânsia que sinto. Marli, uma brasileira muito simpática e falante que conhecera na noite anterior durante o jantar, sai logo atrás de mim. Os brasileiros que conhecera no Caminho eram sempre de uma generosidade ímpar e quando, depois de apenas vinte minutos caminhados, anuncio que preciso parar, pois não me sinto bem, ela me oferece água e uma banana e insiste em ficar ao meu lado. Na verdade, a náusea que sinto é tão avassaladora que não consigo engatar uma conversa com a solícita conterrânea, preciso de silêncio e solidão, e assim, encorajo-a a seguir sem mim. *Buen Cam...* Caio na terra com a mochila ainda presa às costas, enquanto vejo Marli se distanciando. Bebo o resto da água que trago na garrafa de um só gole, mas com a mesma velocidade que o líquido desce pelo meu tubo digestório, ele volta no sentido inverso e sai num irrefreável esguicho gelado. Esse espasmo consegue ser ainda mais violento do que o primeiro. Agora entendo na carne a expressão "botar as tripas para fora". Caminho lentamente e sei que não vou conseguir chegar a Mansilla de las Mulas, município onde supostamente terminaria a minha etapa de hoje. Rosa e Amália, duas peregrinas espanholas que via com frequência no caminho, passam por mim, e eu aceno tristemente para as duas.

Dirão logo depois — quando me encontram caída no meio da rua do pequeno vilarejo adiante — que tinham percebido que eu não estava nada bem. Segundo Rosa, eu era uma peregrina alegre e enérgica, sempre sorridente e festiva, e ao me verem hoje, souberam no ato que havia algo de errado comigo. Duas senhoras, trazendo o pão matinal devidamente alojado nas axilas, juntam-se a nós e, logo em seguida, um homem que passa de bicicleta pergunta se eu quero que ele chame uma ambulância.

"Não! Eu tenho mais vinte quilômetros pela frente!", digo num balbucio, tentando parecer normal, a despeito do fato de que estou estirada no meio da rua, suando frio e com a mochila ainda nas costas. Ignorando os meus protestos, sou colocada pelo pequeno e solidário grupo num ônibus que está partindo para León. Totalmente desolada, eu tomo um assento na traseira do veículo com uma latinha de Coca-Cola na mão, que vou bebericando numa tentativa de aplacar meu enjoo. Mas depois de ingerir aproximadamente metade do seu conteúdo, o líquido gasoso sobe mais uma vez e sai pela minha boca numa série de esguichos dignos de o Exorcista. Tento cobrir a boca, mas é inútil, jatos enfurecidos de Coca-Cola se chocam contra o piso de metal do corredor, produzindo um terrível estampido seco. Eu viro o rosto num reflexo, molhando na sequência os assentos, as janelas e cortinas do ônibus em movimento. Sei agora que o que quer que eu tenha é mais grave do que imaginava. Não tenho mais nada sólido no estômago e o meu corpo rejeita até mesmo a ingestão de líquidos! Estou encharcada por fora e com medo de ficar desidratada por dentro, o que visivelmente não é o caso, pois ainda consigo eliminar água em forma de lágrimas. As duas outras pessoas que estavam sentadas na parte de trás do ônibus se levantam e mudam para assentos na dianteira, longe de mim, fazendo com que o mal-estar que sinto seja agravado pelo constrangimento da situação. Da janela, vejo vários peregrinos seguindo em paralelo à autoestrada, pequenos pontos coloridos a distância, caminhando sob o sol matinal por mais um dia, rumo ao oeste. A compreensão de que estou fora do páreo só faz intensificar o meu choro, que tento conter para não ser um estorvo ainda maior para os demais passageiros a bordo. De repente, tudo me parece totalmente estapafúrdio: pela perspectiva da janela de um ônibus em alta velocidade, os peregrinos ao longe me fazem pensar em pequenos roedores que desafiam os séculos, criaturas que teimam em existir enquanto os grandes centros urbanos, em inexorável expansão com suas ruas, avenidas, autoestradas, passarelas, edifícios, concreto, concreto e mais concreto, paulatinamente destroem o seu habitat natural, salvo uma única rota ancestral, furtiva e silenciosa, por onde esses seres clandestinos ainda conseguem se locomover à revelia do "progresso" do mundo. Por outro lado, ver o Caminho de fora também me trouxe a compreensão do inestimável valor que existe no fato de uma tradição medieval ter conseguido sobreviver estoicamente à passagem do tempo e à evolução humana e, até hoje, ser capaz de oferecer ao peregrino do século XXI uma perspectiva mística e espiritual da vida. E mesmo que nas peregrinações do mundo atual não tenhamos mais que lutar contra a fome, o tifo ou até mesmo contra um porco selvagem, a empreitada continua sendo inegavelmente árdua: o Caminho sempre nos colocará diante de uma valiosa prova de resistência física e mental.

Tomo um táxi da estação de ônibus até o centro histórico e entro no primeiro hotel que encontro, uma construção situada numa ruela convizinha à catedral de Léon. O hotel é relativamente requintado para minha condição de peregrina, mas o valor do dinheiro perde qualquer relevância no atual estado em que me encontro e, no meu afã de deitar o corpo, assino um papel, pego a chave do quarto e subo sem perguntar o preço. Depois de largar as minhas coisas de qualquer jeito em cima da cama, decido procurar um médico. Tomo outro táxi até um hospital público e, exatamente no instante em que atravesso a porta da sala de triagem de uma jovem médica, eu demonstro o que sinto com quatro esguichos de vômito — suco de maçã, desta vez — no assoalho branco e asséptico da doutora. Mortificada, tento explicar que é apenas suco de maçã e que não vai feder, pois só havia permanecido dentro de mim por dois minutos, o tempo que tinha levado para percorrer a distância entre a máquina de soda na entrada do hospital até o seu consultório no terceiro andar. Ela me aplica uma injeção e me entrega um envelope de pó laranja, que, segundo recomendação, deveria ser misturado a dois litros de água e tomado ao longo das próximas horas. Volto para o hotel e deito na cama com uma garrafa de conteúdo abóbora néon entre os braços, sem me dar o trabalho de me despir ou remover os calçados. Não é necessário dizer que o meu organismo previsivelmente repudia o líquido *non grato*. Desisto de tentar beber, sorver, chupar, comer, lamber, tragar, pois a ingestão de qualquer substância claramente se provava uma impossibilidade. Depois de algumas horas completamente imóvel, sinto-me tão fraca que, pela segunda vez no Caminho, começo a tecer conjecturas fantasiosas sobre a minha morte: eventualmente ficaria desidratada e, sem amparo e só, o quadro se agravaria, levando-me primeiro à perda de consciência e depois à convulsão fatal. Quando finalmente encontrassem o meu corpo inerte na cama do hotel — com uma gosma viscosa, de cheiro acre, cobrindo-me a boca, e os lençóis alvos maculados de vômito laranja e asqueroso — seria tarde demais e uma pobre camareira, jovem e inexperiente, teria que repetir exaustivamente para a polícia como havia encontrado o corpo da peregrina brasileira. Receosa da profetização dos meus pensamentos fúnebres, encontro força titânica para conseguir finalmente esticar um braço flácido até o telefone e balbuciar um pedido de socorro para a atendente na recepção. Visivelmente assustadas diante do meu estado, a recepcionista, uma jovem de corpo frágil, cintura fina, cabelos lisos castanho-avermelhados com mechas loiras e o rosto muito bem maquiado, e uma camareira, uma mulher de meia-idade, parruda, com as bochechas cobertas de rosácea, me ajudam a levantar da cama e me escoram até o saguão do hotel. Sentam-me numa poltrona de couro preto, onde juntas esperamos pelo táxi que haviam solicitado e que, de acordo com a recepcionista, estava instruído a me levar de volta ao hospital. Quando ele chega, eu me arrasto moribunda para o banco de trás, mas nem bem o motorista dá partida no motor, peço para que ele encoste o carro: salto cambaleante para fora do veículo e esguicho mais água laranja na calçada. O bom cristão, sem pestanejar, arranca com o carro, obviamente chegando à conclusão de que o seu estofado valia mais do que uma vida humana, a minha no caso. Devo ter uma relação cármica com motoristas de táxi! Deito no meio fio e me entrego, só quero dormir o imperturbável sono do coma. Por detrás dos olhos semicerrados, vejo duas figuras desfocadas de roupas brancas, ouço a sirene de uma ambulância ao fundo. Enquanto sou colocada na maca pelos meus salvadores, aceno debilmente para alguns peregrinos que, aglomerados na estreita calçada, testemunham a minha derrocada. Consternados parecem dizer entre si: mais uma que está fora. "Não!", eu grito mentalmente para eles. "Eu vou voltar. Vocês não me conhecem, eu sou dura na queda!" Os jovens e compassivos enfermeiros tentam me animar contando piadas durante o trajeto, mas não existe humor ou riso em mim. Entro no hospital, empurrada numa cadeira de rodas, a cabeça pendendo debilmente para a frente. Estacionam-me num corredor apinhado de gente enferma e combalida e ali eu permaneço por duas horas, tremendo de frio e alucinando de sede, enquanto vão lentamente chamando pelo nome as pessoas no corredor do horror. Quando finalmente sou atendida, a minha pressão está baixa e, ao tentarem encontrar uma veia no meu braço ressequido para a inserção do cateter, ela cai ainda mais. Colocam-me numa maca e cerram as cortinas com truculência. Escuto os nomes sendo bradados por detrás do pano branco, enquanto vou adormecendo: Jose Miguel Pascual! Dolores Juevas! Maria Vilareszzzzzzz... Vinte minutos depois precisam do *meu* leito para um caso mais grave. Não pode ser verdade, o meu caso também é grave, ou não? Sou colocada novamente na cadeira de rodas, com a bolsa de soro e mangueira espetada no braço, e devolvida ao purgatório: o corredor. Recusam-se a me dar água, nem um gole sequer e, depois de ter eliminado do meu corpo água o suficiente para aplacar a estiagem no Nordeste, eu começo a enlouquecer com a sensação de secura na boca. Não consigo mais ter forças para me manter na posição sentada, a inseparável sensação de náusea me consome, o meu corpo tomba para a frente e, mais do que nunca, eu preciso deitar. Uma enfermeira tenta impedir a minha horizontalização, mas eu rosno e lanço-lhe um olhar colérico, desvairado, que faz com que ela desista de se interpor ao meu anseio de estatelar o corpo no chão frio e sujo do corredor. Permaneço ali semimorta por algum tempo, até que finalmente sinto o meu corpo sendo içado e gentilmente depositado numa maca fria de metal duro, um gesto pelo qual fico extremamente agradecida, embora não identifique meus benfeitores. De tempos em tempos, uma moça se aproxima de mim e, segurando a minha mão, sorri para mim cheia de compaixão. Ela tem os cabelos castanhos presos num coque desleixado e os olhos grandes e negros — com a maquiagem borrada — denotam visíveis sinais de cansaço. Ela sabe que eu sou uma estrangeira em seu país e que não há ninguém comigo neste momento. Com dedos mornos e maternais, ajeita os fios curtos do meu cabelo, enquanto canta uma música espanhola, quase em tom de sussurro, para mim. Sinto-me profundamente grata pela sua humanidade, que consegue acalentar um pouco a privação de amor que sinto nesta situação de flagelo e solidão. Antes de partir, pergunto-lhe o nome.

"Isabel."

"Muito obrigada, Isabel."

Esse é o nome da minha mãe. Pela segunda vez no dia eu me desmancho em lágrimas, sim, é um choro cheio de autocomiseração, mas há pranto o suficiente para derramar por todos os seres humanos que, para sobreviver, dependem de hospitais públicos sem infraestrutura ou verba, em países bem menos abastados do que a Espanha, como o Brasil, Bolívia, Haiti, Libéria, Burundi, e que só agora, guardadas as devidas proporções, eu era capaz de entender empaticamente pelo que passavam. Durante mais de seis horas permaneço deitada na maca em estado de observação, até que enfim anunciam que acabara de vagar um leito na unidade de emergência. Sou intimada a seguir o longo corredor atrás de uma enfermeira histérica — praticamente uma figura *almodovariana* — enquanto carrego o meu próprio soro e, com passadas trôpegas, tento acompanhar sua marcha de passos lépidos. A cama hospitalar é surpreendentemente confortável e, depois das torturantes horas sobre a maca de metal frio, o colchão acolhe o meu corpo como se eu estivesse em um hotel cinco estrelas. Mesmo depois de quatro litros de soro, continuo com a boca seca e uma sede desgramada, mas o meu pedido por um copo de água é atendido com uma nova bolsa de solução hospitalar. Espero que essa merda não engorde. Colocam-me uma pulseira no pulso com o meu nome: Samantha Gilbert e *Desconocido* escrito embaixo.

Não sei ao certo a que se refere esta palavra logo abaixo do meu nome. Será que diz respeito à causa da minha enfermidade? Talvez. Mas, neste momento, aquela palavra fala de mim. Quem eu sou? O que busco? Onde e quando essa jornada terminará? Decido que se conseguir retomar a minha caminhada, andarei até Santiago com essa pulseira de identificação no pulso como um símbolo da minha busca, afinal, a minha natureza me impele a uma constante moção do conhecido para o desconhecido, e assim seria até o fim.

Sou liberada às onze da manhã seguinte. Embora irritantemente continuem a me negar água, permitem que eu coma uma pera e um iogurte depois de 36 horas sem comida. Do lado de fora do hospital, sou de repente tomada por uma saudade pontiaguda de casa. O padecimento físico e moral da experiência gerou em mim um sentimento de vulnerabilidade e carência que beira o patético. Tal como uma criança desamparada, eu preciso de colo, de amor, de palavras tranquilizadoras, um "tudo vai ficar bem" proferido pelos lábios familiares daqueles que verdadeiramente se importam com o meu bem-estar. Quando chego de volta ao hotel, a jovem recepcionista que havia me ajudado na véspera me conta que tinha ligado várias vezes para o hospital para obter notícias minhas, no entanto, sem sucesso.

"Espero que se sinta melhor, senhorita. Se precisar de qualquer coisa é só ligar para a recepção que, ou eu, ou meus colegas de trabalho, estaremos aqui para lhe servir. Ah, e o hotel não irá te cobrar pela noite anterior." Piamente tocada com o gesto, pergunto-lhe o nome.

"Vanessa."

"Muito obrigada por tudo, Vanessa."

Esse é o nome da minha única irmã.

09/05 (dia 20)
León a Villadangos del Páramo - 21 km

Permaneci quatro dias em León sem caminhar. A única coisa que o meu corpo não regurgitou desde que a bactéria facínora se alojara no meu trato gastrointestinal foi *sorbet* de limão e uma solução oral para reidratação vendida em farmácias numa caixinha com canudinho. Nunca fui lá muito fã de picolé de fruta, preferindo sempre sorvetes cremosos e de chocolate, por isso qual não foi meu espanto ao sentir, de repente, um desejo irrefreável de chupar blocos de gelo cítrico no palito, às vezes até seis por dia. Parecia ser a única coisa capaz de acalmar e anestesiar o meu estômago convalescente. Soube depois, por um médico que estava hospedado no hotel, que muitas mulheres fazem uso do limão contra o enjoo na gravidez, da mesma maneira que é comum pessoas acometidas de engulho perceberem diminuir a sensação depois de chuparem a fruta *in natura*, ou mesmo apelar, assim como eu, para o sorvete. Fico realmente mesmerizada com essa capacidade que o corpo tem de sinalizar para o cérebro aquilo que ele precisa. Jamais teria deduzido que *sorbet* de limão pudesse agir de forma tão implacável contra a minha náusea. Na verdade, ele praticamente me salvou, pois em quase cem horas de convalescença, até mesmo o arroz branco e sem tempero teve o acesso ao meu corpo impedido pelas minhas narinas fiscalizadoras. Perdera peso e apesar de ainda me sentir debilitada, decidi continuar a caminhar. Estou mais do que nunca determinada a percorrer os 309 quilômetros que me separam de Compostela.

É mais um dia de promessa solar e isso me injeta um pouco de ânimo. Despeço-me efusivamente dos gentis e atenciosos funcionários do hotel e saio retomando a minha missão interrompida muito provavelmente por uma brutal gastroenterite contraída pelo consumo de água contaminada. A translumbrante Praça Regla em León está sendo lavada com mangueiras de alta pressão por homens vestidos com macacões laranja. O sol que incide sobre o pavimento molhado faz com que os pináculos góticos da magnificente catedral de Léon sejam refletidos no concreto espelhado. A visão é tão estupenda que preciso capturá-la para a posteridade. Além do reflexo, ainda tento resolutamente incluir no quadro o monumental templo católico ao fundo com minha restritiva lente 50 mm. Na verdade, a tarefa inexequível é apenas um pretexto para delongar o máximo possível o meu início. Depois de muita firula, duas fotos medíocres e alguma relutância, eu finalmente me ponho a caminhar. Mais uma vez vou seguindo as familiares setas amarelas pelas ruas adormecidas da cidade, até que por fim Léon desaparece por completo no passado. Ando tão lentamente que demoro quase duas horas para percorrer apenas sete quilômetros. Minha mochila pesa, minhas pernas estão trêmulas, meu esqueleto range como uma casa mal-assombrada, e o pior, minha mente teima em focar na dificuldade que sinto em caminhar depois de ter perdido o meu "*momentum*".

Ao passar por uma cidade sem muitos atrativos, vejo uma placa indicando um albergue municipal numa rua perpendicular à via de mão-dupla que eu palmilhava. Embora não sejam ainda nem onze da manhã e de eu ter andado apenas oito quilômetros, decido parar. O único problema com minha abreviada caminhada — como iria logo descobrir — é que como os refúgios e albergues municipais no Caminho só abrem ao meio dia, eu dou de cara com as portas fechadas quando chego ao local indicado. Teria que esperar do lado de fora por mais de uma hora até que ele abrisse. Tento encontrar um lugar à sombra de alguma árvore para me proteger da radiação UV, mas é em vão, a vegetação presente é bastante esparsa. Olho ao redor, mas o lugar não parece ter muito a oferecer, além de uma gigantesca e ruidosa pista para carrinhos de controle remoto a apenas alguns míseros metros de onde pretendia descansar. Sento-me numa mureta escaldante — torcendo para que a associação entre hemorroidas e o ato de sentar em superfícies quentes seja um mito — e fico observando homens adultos — que variam entre barrigudos; barrigudos e calvos; e barrigudo-calvos e barbados — enquanto pilotam seus carrinhos de brinquedo e bradam frases carregadas de testosterona infantilizada. Depois de algum tempo, o contínuo e azucrinante ruído dos carrinhos me enerva de tal maneira que começo a fantasiar — com um meio sorriso viperino nos lábios — que sou uma *giantess*: uma daquelas mulheres gigantes, peitudas, de salto alto agulha que subjugam e maltratam os homens em miniatura nas histórias em quadrinhos japonesas, ou nos vídeos bizarros especialmente produzidos para os adeptos à macrofilia — para quem não é versado no assunto, são pessoas que tem um fetiche sexual por gigantes. Na minha fantasia, eu sou uma *giantess* demolidora que invade a pista e esmago, ou melhor, pulverizo alguns carrinhos com meu salto alto colossal. Quando um homem barrigudo-calvo e barbado — dono de uma Ferrari vermelha que passa derrapando numa curva fechada — me comunica que a pista fica aberta até às sete da noite, decido não esperar mais e seguir até a próxima cidade. Agradeço-lhe gentilmente pela informação, mas ele não me escuta, seus olhos estão vidrados no seu carro que acelera numa reta em alta velocidade, emparelhado com um Ford Mustang GT 1967 laranja, ambos roncando os motores ao máximo, enquanto os outros membros do Clube do Bolinha gritam, cabriolam, babam como camelos, se espancam mutuamente no peito, do lado do coração, como se assistissem a algo épico. Antes de me distanciar da pista de vez, ainda escuto um dos homens dizer:

"Se você tivesse que escolher entre a mulher da sua vida e um carro, o que você escolheria? Uma Ferrari ou uma Lamborghini?"

"Uma Ferrari, é claro!", responde numa explosão de entusiasmo o dono da réplica vermelha da marca italiana, aparentemente vitorioso em sua corrida contra o Ford Mustang. Os risos, uivos, brados, palavras soltas e em sequência, que seguem esta afirmação, produzem uma confusa sobreposição de sons tão genuinamente eufórica e alegre, que acabo me rendendo aos grandalhões com seus carrinhos de brinquedo, e me distancio com um sorriso nos lábios e a lembrança do pai de uma amiga, um aficionado por Fórmula 1, que estava sempre nos dizendo que enquanto as mulheres amam seus sapatos, os homens amam seus carros.

O caminho aqui acompanha a interminável autoestrada N-120. Aparentemente, este trecho do Caminho é considerado difícil por ser poluído, monótono e particularmente feio. Ana, uma senhora alemã hippie, que conhecera no jantar comunitário em Berciário del Real Camino, havia me dito que durante essa etapa o peregrino precisava fazer um profundo mergulho dentro de si mesmo para não se deixar abater pela adversidade do percurso. Com humor cáustico penso que se seguisse sua recomendação, nada encontraria dentro de mim agora, além do monóxido de carbono que respiro à minha revelia. Havia fugido de uma pista de carrinhos de brinquedo e acabei me deparando com uma de verdade. Sigo em inegável estado de azedume, o meu empenho em transmutar minha percepção do enfado da caminhada e da fealdade da rodovia, atingindo o mesmo grau de êxito que teria um peixe que se propusesse a voar. Decido apelar para o que considero ser uma das mais sublimes e espirituais expressões musicais de todos os tempos, a Nona Sinfonia de Beethoven, cuja grandiosidade e força titânica nunca falham em elevar-me o espírito. Ligo o iPod e já no primeiro movimento sinto-me um pouco menos avinagrada. A música penetra em cada músculo, cada célula, atinge meus arcanos mais recônditos, é uma audição consciente e interiormente transformadora. Já não presto mais atenção àquilo que me oprime ao meu redor, vou paulatinamente deslizando para um estado introspectivo e quando a sinfonia culmina com a gloriosa e apoteótica "Ode à alegria", cantada ao final de forma retumbante pelo coro, ela vibra em mim como energia primordial, finalmente me libertando da tortuosidade e do enfado da N-120.

Dois senhores, Johan e Thomas, respectivamente um austríaco e um americano, caminham comigo durante algum tempo. No entanto, Thomas, de 77 anos, acha difícil manter-se no meu ritmo lento e arrastado, e assim, depois de assumir a dianteira por algum tempo, acaba desaparecendo por completo do nosso campo de visão. Johan fala compulsivamente e parece desconhecer a escuta. É levemente irritante a maneira como ele sistematicamente atropela a minha fala com uma enxurrada verborrágica, escalafobética todas as vezes que tento oferecer uma intervenção lacônica ao seu monólogo. Estou prestes a dizer que vou parar para um descanso, quando vejo um aparelho auditivo bege no seu ouvido esquerdo. Sinto-me mal por tê-lo julgado de forma equivocada. Conto a ele, em alto e bom tom, todo o meu drama vivido nos últimos dias e sobre a minha passagem pelo hospital. Para meu espanto, Johan acha tudo insolitamente divertido e, ao final do meu infausto relato, dá uma risada que faz o seu corpo inteiro chacoalhar. Fico olhando atônita para o senhor de rosto lunar cujos óculos de Mr. Magoo chegam a balouçar para cima e para baixo nas bochechas repolhudas enquanto ri. Será que tinha ouvido direito a minha história? Tenho vontade de perguntar a ele se é surdo de apenas um ouvido ou se o outro também é deficiente, já que o tema infortúnio parece estimulá-lo.

"Perdão, Johan, mas onde está a graça?"

"Ah, Sam, você conhece o ditado: *no pain no gain!*" A expressão, cuja tradução literalmente quer dizer "sem dor, sem ganho", acabou se popularizando nos anos 80, após a atriz Jane Fonda fazer uso do termo numa série de vídeos de aeróbica que a catapultaram para o status de musa das polainas e guru da ginástica. A noção aplicada ao exercício físico de que sem sofrimento não há resultados acabou se expandido para além do universo fitness com o passar dos anos e, aparentemente, o bordão tinha se tornado clichê no Caminho, já que muitos peregrinos o empregavam numa alusão ao sacrifício físico de transpor 800 quilômetros para alcançar a recompensa final em Santiago de Compostela. Em certa ocasião, ao ouvir a expressão papagueada por um peregrino russo enquanto ele cuidava de uma bolha colossal, disse-lhe que caso quisesse se autoinfligir um pouco mais de sofrimento — além das bolhas, tendinites, dores físicas e mentais que me relatava — poderia de bom grado carregar minha mochila até Compostela, adaptando assim o conceito de "sem dor, sem ganho" para a realidade peregrinativa de: "sem dor, sem peso, sem ganho". Por sorte o russo tinha senso de humor e disse que teria que me carregar junto, uma vez que minha mochila não era pesada o suficiente para ser considerado um esforço digno de recompensa final.

Um pouco amuada com a falta de sensibilidade de Johan, digo a ele que acabara de passar por uma das piores experiências da minha vida e não conseguia ver de que maneira isso poderia glorificar o meu Caminho. Pela primeira vez, o homem emudece. Enquanto estivera enferma, tinha pensado nas palavras de Winnie, que dizia que cada um recebia do Caminho aquilo que merecia. Será então que eu estava apenas colhendo aquilo que tinha plantado? Cheguei à conclusão de que o adágio proferido pela holandesa só se aplicava, para minha comodidade, a casos de bem-aventurança, mas era falho em casos de desventura: eu não merecia nada daquilo, afinal não tinha assassinado a lesma, não roncava, era cheirosinha, tinha conseguido andar mais de 400 quilômetros sem trocar insultos com ninguém... Trocando em miúdos, era uma puta sacanagem isso ter acontecido justo comigo.

Caminhamos em silêncio durante algum tempo e quando finalmente pergunto a Johan se vai ficar no albergue municipal em Villadangos, ele me diz que tem uma reserva em um albergue privado, já que nunca fica nos albergues municipais. Quando pergunto por que não, ele responde, com mais uma fragorosa gargalhada, que além de precisar do seu espaço, não abre mão de dormir bem.

"Mas Johan, onde está o 'no pain, no gain' aqui?", pergunto, alfinetando de leve.

"Ah, Sam, mas eu preciso do meu sono!", protesta como se fosse um bebê gigante.

"Ah, Johan, e eu da minha saúde!", respondo categoricamente. Ele sorri e balança a cabeça em sinal de compreensão.

Caminhamos os últimos quilômetros na companhia um do outro em animada conversa. Conta-me que estivera uma vez no Rio e que, em toda sua vida, aquelas tinham sido suas melhores férias. Com o sotaque carregado, descreve as ruas, praias e lugares que conhecera; o olhar estrangeiro e condescendente sobre minha cidade natal me concedendo uma trégua temporária ao sentimento de ranço que passara a nutrir pelo lugar onde cresci. Seus olhos bondosos revelam uma vibrante energia infantil por detrás do rosto já erodido pelo tempo. É como se enquanto falasse, o homem de 67 anos começasse pouco a pouco a esvanecer e, em seu lugar, surgisse um jovem austríaco de não mais que 12. Durante nossa conversa, ele me conta sobre sua deficiência adquirida.

"Um dia fui dormir ouvindo e acordei completamente surdo do ouvido esquerdo. É algo absolutamente desconcertante, para não dizer assustador. Qualquer movimento resultava numa vertigem aguda e vômitos, havia um zumbido enlouquecedor no meu ouvido, os sons eram abafados e as vozes humanas, robóticas, como se todos fossem computadores. Da noite para o dia, eu tinha perdido cem por cento da minha audição desse lado." Ele se vira e reclina a cabeça para me mostrar o aparelho alojado em seu ouvido.

"E isso é irreversível?"

"Com o tempo, recuperei parcialmente minha audição, mas nunca mais voltei a ser o mesmo."

"E o que causou isso?"

"A surdez súbita ainda é um dos mais intrigantes e controversos mistérios do ouvido humano, não há um consenso sobre a causa, ainda existe muita discórdia entre os especialistas. É um sintoma à procura de um diagnóstico."

"Eu sinto muito, Johan."

"Isso foi há cinco anos e, embora eu tenha aprendido a aceitar o fato, as dificuldades ainda são enormes, e o mundo acaba se tornando um lugar solitário. Por isso comecei a caminhar. A minha privação sensorial aqui, por exemplo, não faz tanta falta. O silêncio entre o meu cérebro e o mundo exterior encontra maior aceitação quando estou caminhando."

Johan gesticula o tempo todo de modo singular, mas não é uma movimentação aleatória. Os gestos, com as mãos bonitas e expressivas, parecem os de um maestro que, num balançar exótico, indicam o ritmo, a velocidade e a intensidade da sua execução vocal; ora pontuam, ora dão o tom emocional de sua narrativa. Pergunto-me se tinha começado a falar com as mãos depois da surdez unilateral de que foi acometido. Ele olha para o meu fone de ouvido ainda acoplado à alça da mochila.

"O que estava escutando?"

"Beethoven. A Nona."

"Beethoven?"

"Sim."

"O surdo imortal", diz com um sorriso. "Com certeza Beethoven viveu a maior agonia acústica de todos os tempos."

"É bem possível. Para um compositor e pianista virtuoso ser privado do sentido que lhe é mais ca..."

"E um sentido que um dia possuiu no mais alto grau de perfeição possível."

"Como pode um compositor surdo compor música?"

"Não é tão raro assim músicos comporem a partir da memória musical e imaginação auditiva, sem necessariamente terem que escutar o instrumento."

"Mas uma sinfonia inteira? Uma grandiosa obra para toda uma orquestra, coro e solistas?!"

"Anos de treino, um ouvido absoluto e, claro, uma inegável genialidade."

"Quando compôs a Nona, Beethoven estava deserto de qualquer som e, ainda assim, conseguiu criar um monumento, um ato de violência semelhante a ser arremessado de um lado para o outro no tambor de uma centrífuga. Uma obra de arte tão bombástica e eloquentemente expressiva que transcende os limites do espaço-tempo e alcança as mais altas frequências da espiritualidade."

"Muitos especulam se Beethoven teria tido a mesma genialidade que manifestou em suas obras finais caso não tivesse tido estrondoso zumbido, nervos acústicos atróficos, esclerose auricular..."

"Se não tivesse ficado surdo?"

"Ahã."

"Tipo se Beethoven compôs a Nona apesar de ser surdo ou porque era surdo?"

"Não. Se ele compôs a Nona Sinfonia *apesar* de ser surdo ou *porque* era surdo."

"Foi o que... Bom, não há dúvida de que a música existia dentro dele e que ele não precisava escutar o que vinha de fora para compor, mas acredito que a crescente surdez de que sofreu nos anos finais de sua vida moldou a música que escreveu durante esse período. É difícil crer que uma obra musical complexa como a Nona, criada inteiramente a partir de sons imaginários dentro da sua cabeça, não tenha sido influenciada, de alguma maneira, pela ausência de som exterior. Não que a genialidade não existisse antes, mas uma coisa é conceber algo a partir do seu mundo musical interior e depois experimentá-lo no piano, outra é conceber música puramente no abismo do silêncio, sem jamais escutar uma única nota da obra criada."

"Embora muitos discordem disso, dado o extraordinário conhecimento musical de Beethoven..."

"Mas a arte não é feita apenas com a técnica! A surdez de Beethoven o atormentou e não há nada mais profícuo para a arte do que uma alma atormentada, *'no pain, no gain'*, certo?!"

"Hahahaha. Certo, Sam. E mesmo que os resultados da sua produção musical possam não estar diretamente ligados à sua surdez, como muitos afirmam, a sua originalidade com certeza dimanou da pessoa que Beethoven se tornou em consequência dela."

"Então Johan, no final das contas, ambos concordamos que a Nona é A Nona porque Beethoven era surdo?!"

"O quê?"

"..."

"Estou só brincando com você, Sam. Sim, concordo, a Nona é a Nona porque Beethoven era surdo!"

O albergue é desanimador e, além de não parecer muito limpo, está situado defronte à infernal autoestrada que acabara de passar o dia inteiro seguindo. Sento-me exausta nos degraus, observando os carros e caminhões que avançam em alta velocidade, considerando a possibilidade de ir atrás de Johan e seu albergue privado, mas a verdade é que não tenho ânimo para dar nem mais um passo sequer.

Um odor acre, duro, penetrante, um misto de bosta e mijo, exala do banheiro, fazendo com que eu quase desista do banho. Dispo-me apressadamente, enquanto respiro pela boca e metade dos pelos do meu nariz se suicida e a outra metade murcha depois de um minuto exposta ao fudum. Para piorar a situação, o banho, que deveria ser relâmpago, é prolongado pelo fino fio de água fria que escorre do cano acima. Levo pelo menos dez minutos para conseguir molhar a cabeça inteira, isso porque além de curtos, meus cabelos têm o mesmo volume que a cabeça de uma escova de dentes tem de cerdas. Quando consigo finalmente ensaboar o corpo todo, tenho praticamente todas as minhas células olfativas destruídas com a inhaca letal.

Encontro um quarto com camas que ainda não foram tomadas. Aposso-me de uma e me estiro sobre o colchão encardido, sentindo todos os músculos do corpo retesados. Permaneço ali um tempo morto olhando para uma infiltração no teto, até que enfim um peregrino corpulento entra e toma uma cama num dos cantos do dormitório. Ele está imundo e suado e, depois de tirar as botas e meias, vira-se para a parede e cai num sono profundo em menos de trinta segundos. Observo seus pés, que estão com as solas viradas na minha direção: há uma bolha monstruosa em cada calcanhar. O pus dentro é esverdeado e as unhas em estado de decomposição fazem a festa das bactérias que se esbaldam naquele banquete de pele morta e suor. O fedor que emana deles, num dos casos mais severos e repulsivos de podobromidose — vulgo chulé — que jamais tivera o desprazer de testemunhar, vai pouco a pouco consumindo todo o oxigênio do ambiente, até que o ar se torna tão insalubre que sou forçada a sair. Pelo visto, conseguir deixar este lugar com o nariz razoavelmente funcional depois de tanto trauma olfativo vai ser quase um milagre.

Encontro um rapaz bastante atraente na entrada do albergue. Deve ter por volta de trinta e poucos anos, alto, pele bastante morena, sobrancelhas grossas, barba estilo "por fazer". É português e se chama Tomas. Começamos a conversar e ele me conta que está participando de um documentário americano sobre o Caminho. Não é possível, será que eles tinham me alcançado?! Penso nos dias que havia permanecido em León sem andar. Quatro dias. Justamente o número de dias que me separavam da equipe de filmagem, como ficara sabendo por Nathalie, a soprano americana, no meu quinto dia de caminhada. Tomas me diz que encontrará com a diretora, uma mulher chamada Lydia Smith, no dia seguinte em algum povoado do percurso e que, caso quisesse, poderíamos caminhar juntos até a próxima etapa do Caminho e ele me apresentaria a ela. Se antes não conseguia ver nenhum sentido para minha enfermidade, agora talvez a bactéria ominosa fizesse todo o sentido do mundo.

10/05 (dia 21)
Villadangos de Páramo a Astorga - 26 km

Acordo às 6:30. Todas as camas estão ocupadas por pessoas que ainda dormem. O enxofre da halitose matinal exalado por vias respiratórias, em parceria com meias e botas sujas, torna o ar do quarto pesado e pestilento. Amaldiçoando o meu malquisto olfato de loba, faço força para abrir uma janela emperrada ao lado da minha cama. Quando por fim consigo espremer o nariz por uma brecha, sou imediatamente saudada por um *vruuuum* distante. Com um suspiro desanimado, lembro-me da abominosa N-120. Depois de uma sequência interminável de bocejos, eu me levanto e, com um andar sonambúlico e os bracinhos estendidos para a frente como um zumbi, tento encontrar o banheiro na escuridão do estreito corredor. A situação está ainda pior do que na véspera e o banheiro agora fede tanto que sou forçada a dar meia volta e urinar do lado de fora, num pequeno gramado na lateral do albergue, obviamente de costas para o muro para que ninguém veja minha bunda da autoestrada. Enquanto estou ali agachada, eu fecho os olhos e inspiro profundamente buscando em mim vestígios da infecção, mas o ar entra fluido e fresco e, pela primeira vez em dias, sinto que estou totalmente curada. Arrumo minhas coisas rapidamente e saio com Tomas e Christopher, um jovem escocês loiro e suinamente rosado, que faz o Caminho com um *kilt* xadrez vermelho. O céu está carregado de nuvens cor de chumbo e, pouco depois de iniciarmos nossa caminhada, somos forçados mais uma vez a colocar os ponchos. Eles conversam sobre os filmes do Rocky Balboa e 007. Qual foi o melhor filme da saga Rocky? Três ou um? Quem foi o melhor James Bond? E a *Bond Girl* mais sexy? E, embora, eu não esteja muito interessada, eles também não se esforçam nem um pouco para me incluir na conversa. O sentimento de exclusão que sinto do animado grupo de dois — que a essa altura discute porque Obi-Wan dissera para Luke Skywalker que Darth Vader tinha matado Anakin Skywalker em Guerra nas Estrelas — muito provavelmente se dá pelo fato de eu ter sido cáustica em relação à religião na noite anterior. Deus tinha se interposto mais uma vez entre mim e aqueles cuja fé nele era inabalável. Gostaria de poder pedir desculpas pelo meu ceticismo, mas infelizmente a crença em um deus pessoal era para mim, assim como Einstein afirmou, uma ideia infantil e, da mesma forma que deixei de acreditar em Papai Noel aos seis anos de idade, também passei a desconfiar da existência de Deus aos dez, mais precisamente nas aulas de religião da Irmã Julinha que, com muita devoção, preparava-nos para nossa primeira comunhão. Por algum tempo, os ensinamentos delirantes da religiosa incutiram em mim verdadeiro temor da danação eterna, condenação esta a que meus pais descrentes seguramente não escapariam: iriam arder nas inextinguíveis chamas do inferno para sempre. Normalmente evito discutir religião com teístas, pois é sempre uma discussão improfícua, fatigante, é medicar cadáver. No entanto, às vezes — como foi o caso ontem à noite durante o jantar com os dois crentes à minha frente — o vinho tinha discutido por mim. As inabaláveis convicções disparadas de ambos os lados no confronto entre crença e descrença ricocheteavam nos intransponíveis muros da "verdade" erigidos por cada um de nós.

"Não posso provar que deus não existe, mas também não posso provar que cogumelos não poderiam estar em espaçonaves intergalácticas nos espionando", digo, citando o filósofo americano Daniel Dennett, numa tentativa de trazer um pouco de humor à discussão. No entanto, o tiro sai pela culatra e o meu comentário é percebido como achincalhe, puro deboche da religiosidade dos dois. Pedem a conta.

"Não foi minha intenção ofendê-los, só estava tentando dizer que o que pode ser afirmado sem provas também pode ser rejeitado sem provas."

"A inexistência de provas não é prova em si", diz o escocês, levemente irritado, guardando o troco.

A velha questão sobre a quem cabe o ônus da prova. Se uma pessoa te interpelasse na rua, afirmando que uma vaca azul tinha voado sobre a cama dela na noite passada, anunciado que o mundo como conhecemos iria acabar amanhã, e que depois tinha saído voando pela janela do quarto enquanto leite roxo jorrava de suas tetas, caberia a você provar a veracidade desta história ou ao contador? Ninguém, do ponto de vista histórico e antropológico, poderia ter afirmado que "deus não existe" se antes alguém não tivesse dito que "deus existe". Assim, logicamente falando, me parece que o ônus da prova pertence aos que primeiro afirmaram a existência de deus e não aos que depois refutaram tal asserção.

"Você tem razão, Christopher, a inexistência de provas não é prova em si", digo em tom reconciliatório, sem o menor desejo de continuar sustentando um embate entre fé e ceticismo com os dois.

Deliberadamente vou ficando para trás e, por algum tempo, andamos separados. Em dado momento da caminhada, somos agraciados com a visão de um enorme arco-íris riscando o céu plúmbeo com seu luminoso espectro de bandas coloridas. Paramos então, os três, para contemplar a luz solar incidindo sobre as gotículas de chuva suspensas no ar, que como minúsculos prismas de vidro líquido, dispersam-na em cores brilhantes e bem definidas. É um glorioso espetáculo de luz e cor e, por longos minutos, permanecemos ali, em silêncio, apenas apreciando o fenômeno óptico. Trocamos sorrisos e, quando o arco-íris começa a perder as cores, finalmente se desfazendo pela ação de uma nuvem intrusa que se interpõe entre nós e o sol, eu sinto que qualquer ressentimento que possa ter havido entre mim e eles também tinha se dissipado.

A equipe de filmagem está à espera de Tomas no pequeno vilarejo de San Martin del Camino (ou seria del Real Camino?). Abraços efusivos são trocados entre o pequeno grupo, que logo engata uma conversa animada sobre os últimos dois dias em que não tinham se visto. Como o filme documenta a jornada individual de diversas pessoas, em etapas distintas do Caminho, não há condições logísticas de registrar todos em tempo integral. Assim, duas equipes de filmagem se deslocam num raio de aproximadamente 100 quilômetros para acompanhar os peregrinos em trechos e dias diferentes, fazendo com que os encontros entre as equipes e os participantes do documentário se deem a cada dois ou três dias. Tomas me apresenta à diretora do filme e idealizadora do projeto, Lydia Smith, uma mulher robusta de compleição clara, cabelos cor de trigo, finos como paina, discretas sardas no nariz e nas maçãs do rosto, e uma deliciosa gargalhada que enche o ar com uma sonoridade vibrante e envolvente. Gosto imediatamente da mulher à minha frente. Caminhamos juntas, apenas eu e ela. Escuto com genuíno interesse enquanto ela me conta ter feito o Caminho na primavera de 2008, numa tentativa, assim como tantos outros, de encontrar um lugar menos sombrio dentro de si, depois que um noivado desfeito havia aparentemente esfacelado sua autoestima. Durante sua jornada, relata também ter conseguido revisitar um trauma antigo: a perda do irmão de dez anos de idade, um episódio trágico que a tinha deixado profundamente marcada. Segundo ela, o Caminho não só tinha lhe ajudado a restaurar o amor-próprio perdido, mas também acabou sendo um verdadeiro divisor de águas em sua vida. De volta aos Estados Unidos, passou a acalentar a ideia de compartilhar sua experiência com um número maior de pessoas, um desejo que se tornou tão imperioso, que ela o descreve como um inexplicável chamado interior. Sentiu-se compelida a inspirar outros através de um filme que mostrasse as muitas lições de vida que se pode extrair do Caminho. Um ano depois, estava de volta à Espanha para rodar um documentário que acompanharia a jornada de alguns peregrinos na principal rota de peregrinação a Santiago de Compostela, o Caminho Francês. As pessoas deveriam ser provenientes de países distintos, de diferentes credos, com as mais variadas motivações, além de serem todas encontradas no próprio percurso, com exceção de uma americana que, segundo ela, tinha se juntado ao projeto ainda nos Estados Unidos.

"O que te trouxe para o Caminho?", pergunta, enfiando os fios do cabelo para baixo do boné azul-marinho. Reflito por alguns segundos antes de responder.

"Metaforicamente falando, eu diria que o Caminho é um caminho de transição, um milhão de passos para uma nova vida."

"De fato, muitos embarcam nesta jornada num momento de transição em suas vidas, eu inclusive."

"Acho que não é só uma transição entre a vida velha e a vida nova. Eu também preciso passar por uma mudança radical. E não se trata apenas de mudar o cabelo, embora eu tenha feito isso também — saca a cagada — ou de vestir uma nova identidade social, tipo a personagem da Anne Hathaway em 'O Diabo Veste Prada'. A verdadeira transformação tem que ser de dentro para fora..."

"Uma mudança de mentalidade."

"É."

"Mude sua mente, mude sua vida."

"Exatamente."

"E o que te levou a tomar essa decisão?" Ela dá uma ligeira diminuída na marcha e me encara com um olhar que parece dizer: pode me contar a sua história, sou toda ouvidos.

Penso na sucessão de eventos indesejáveis que levaram o meu espírito a adoecer. Um verdadeiro efeito dominó em ação: depois que a primeira peça caiu, não consegui evitar uma destrutiva reação em cadeia e, uma a uma, as demais peças da minha vida foram tombando até não haver mais nenhuma em pé. Nesse momento, resta-me apenas me reerguer e tentar reconstruir o que tinha colapsado: eu mesma.

"Acho que tudo começou no dia que cortaram a árvore." Fico um pouco surpresa com esta constatação.

***

O COMEÇO DA TRISTEZA

Havia uma gigantesca e frondosa amendoeira em frente à janela do meu pequeno apartamento no Posto Seis, em Copacabana. A sua exuberante e densa folhagem me concedia sombra e um perene sopro de oxigênio, além de me ocultar de possíveis olhos perscrutadores vindos das janelas melancólicas das cabeças-de--porco adjacentes. Um dia, a obra do metrô chegou, com suas escavadeiras e dinamites, e uma implacável serra elétrica pôs fim à minha protetora. Chorei com os bem-te-vis, rolinhas e beija-flores que faziam dela o seu reduto e que, assim como eu, devem ter ficado atordoados com a terrível amputação de seu tronco. Da árvore de quase vinte metros, restou apenas um toco no chão, encolhido a centímetros. Fiquei exposta, vulnerável, passei a viver atrás de cortinas permanentemente cerradas.

A obra demoraria pelo menos dois anos para ser concluída e, como desenvolvi uma bronquite crônica devido à poeira produzida com as perfurações, além de sofrer com o barulho ensurdecedor, acabei entregando as chaves do apartamento e voltando para a casa dos meus pais.

Algum tempo depois, estreei uma peça, em que além de atuar e debutar como dramaturga, também tinha produzido com o dinheiro do meu próprio bolso. No dia da estreia, o diretor, um ex-namorado com quem tinha vivido por três anos, abandonou o projeto depois de sucessivos desentendimentos, deixando-me absolutamente abaladiça e insegura em relação ao meu trabalho. Tinha apostado todas as minhas fichas nesse projeto teatral e, depois de apenas oito apresentações, recolhi meus objetos de cena, figurinos, o resto da minha dignidade, e apaguei a luz do camarim uma última vez. Desci a rua do teatro com a cabeça baixa, o olhar perdido nas guimbas de cigarro, nos restos de quentinhas e cascos de cerveja quebrados que emporcalhavam a calçada no reduto boêmio da Lapa. O sentimento de derrota era tão devastador que sentia o coração pesado, era um estrangulamento contínuo no peito que parecia ir deixando meu órgão vital todo craquelado.

Poucos meses depois, perderia o emprego. Depois de cinco anos trabalhando como professora de teatro numa renomada escola de elite, eu acabei sendo demitida. Para ser justa, já há algum tempo percebia que estava me aproximando do fim de um ciclo, no entanto a diretoria não me deu tempo para amadurecer esse processo, e, com isso, a minha decisão de seguir adiante acabou sendo antecipada de forma abrupta, deixando-me bastante desorientada.

No mesmo ano ainda houve a experiência de uma desastrosa relação amorosa com um amigo alcoólatra de mais de vinte anos.

Um sentimento arbitrariamente forjado por duas pessoas que reconheceram o potencial autodestrutivo do outro e que se juntaram numa aliança negativa justamente para reforçar esse comportamento. Uma ligação de nove meses que fez com que eu parisse o pior em mim. Se ainda existia alguma autoestima em mim, ela ficou em frangalhos depois desta experiência.

E então, no final daquele ano, a última peça de dominó finalmente tombou: eu tive a profunda compreensão de que jamais viria a ser a atriz que tinha idealizado. Eu era apenas mais uma entre as centenas de milhares de pessoas no mundo inteiro que tinham tentado uma carreira artística e fracassado. Mas como isso era possível?! Esse entendimento, cru e desabrido, foi o último prego no meu caixão. A chama do sonho tinha se extinguido e, sem ele, não havia mais esperança ou futuro, apenas uma mórbida fixação na derrota. Transmutei-me numa morta-viva...

★★★

"Você procurou ajuda?"

"Tive um psiquiatra. A promessa de remédios capazes de dissolver a debilitante tristeza que eu sentia era tentadora demais."

"E você conseguiu se curar com eles?"

"Eu estou curando a minha depressão caminhando."

"Aqui? No Caminho?"

"Sim." Ela abre um sorriso radiante, visivelmente empolgada com a minha afirmação.

Lydia me conta que Theresa, a outra diretora do filme, que acompanha a segunda equipe de filmagem, é casada com um psiquiatra que recomenda a uma parcela das pessoas que chega ao seu consultório alegando depressão que pratiquem a caminhada. Fico exultante com esta declaração. Um dos motivos que tinham me levado a fazer o Caminho era a autocura: estava convencida da que conseguiria mudar a minha química cerebral apenas andando, sem os remédios. Só não tinha imaginado que sentiria os efeitos benéficos da prática com tanta celeridade.

"*Keep Walking*!", digo de forma melodramática, entoando o slogan do uísque Johnny Walker.

"*Just Keep Walking*!", ela faz eco, soltando uma de suas sonoras risadas.

Sentamo-nos à beira de um córrego para comer frutas e descansar um pouco os pés. Com uma intimidade maior estabelecida entre nós, conto-lhe como, ainda no Brasil, tinha decidido documentar a minha caminhada até Santiago de Compostela. Seria o registro de uma jornada solo, tanto do ponto de vista interior, quanto artístico. Com bom humor e autoescárnio, relato minhas atrapalhadas investidas como diretora do meu mal planejado projeto e da frustração que senti ao saber que uma cineasta americana estava pouco mais de cem quilômetros atrás de mim, rodando um documentário que narrava a jornada pessoal de alguns peregrinos, justamente aquilo que eu tinha falhado em realizar. Conto a ela sobre minha enfermidade, sobre cada um receber do Caminho aquilo que merecia, e de como a afirmação da holandesa havia inexplicavelmente me desmoralizado nos últimos cinco dias. Lydia olha para mim com certa compaixão e diz que talvez eu tivesse ficado doente justamente para que nossos caminhos se cruzassem, e era exatamente por isso que eu deveria estar no seu filme.

Dão-me uma filmadora Canon — para que eu faça registros pessoais da minha caminhada, enquanto a equipe estiver cobrindo outras etapas do Caminho — e um telefone para mantê-los atualizados sobre o meu paradeiro. É no mínimo irônico ter uma pequena equipe de filmagem me seguindo na atual conjuntura. Qual é a probabilidade de uma atriz, numa jornada desta natureza, ser convidada a participar de um filme, precisamente no momento em que decide abandonar a carreira? Não é exatamente o documentário que importa. Não importa se eu entrar no corte final do filme ou não, nem como este filme pode, ou não, afetar a minha vida. O que realmente importa é que a coincidência deste acontecimento não pode ser atribuída meramente ao acaso. Ou melhor, como definiu Jung em sua Teoria da Sincronicidade, numa tentativa de dar conta daquilo que foge à explicação causal, eventos sincronísticos como estes, sem nenhuma relação direta de causa-efeito, seriam definidos como uma coincidência significativa entre eventos psíquicos e físicos, sugerindo que nossa psique pode interagir com o que parece ser o mundo da matéria. Tudo que a mente pode conceber e acreditar, ela pode realizar. E, embora já tenha experienciado inúmeros eventos positivos de sincronicidade na minha vida, eu nunca tive tanta consciência da poderosa e invisível força criadora por detrás destas improváveis coincidências quanto agora. Com este episódio, percebo que há uma inegável correlação entre o que eu havia pensado, o que eu havia sentido, e aquilo que tinha recebido.

A câmera segue discretamente filmando atrás do nosso pequeno grupo heterogêneo, enquanto percorremos os últimos quilômetros até Astorga, cheios de alegria e entusiasmo. Ao chegarmos à cidade, cruzamos uma belíssima praça onde os residentes, que desfrutam da *siesta* e do dia ensolarado ao ar livre, lançam olhares curiosos em nossa direção. Um homem montado numa bicicleta, vestindo um espalhafatoso terno cor-de-rosa--choque, pedala até mim e me dá um longo e inesperado abraço. Seus olhos verdes traem o seu estado mental. Há um fulgor de loucura no seu olhar estático que parece dialogar com o sorriso desatinado cristalizado na boca mole. Sem uma única palavra, ele retoma sua pedalada, e eu o observo enquanto vai se distanciando na praça, a jaqueta do paletó berrante esvoaçando ao vento atrás de si. Era minha depressão sombria que, disfarçada de rosa, tinha vindo se despedir de mim pela última vez.

11/05 (dia 22)
Astorga a Rabanal del Camino - 20,7 km

O homem de boné vermelho desbotado está em quadro com a pequena igreja de Santa Colomba de Somoza ao fundo. Bienbenido Garcia, que parece mais peruano do que espanhol, me conta com desenvoltura de celebridade midiática como em 1986 acolheu Paulo Coelho e serviu-lhe uma refeição simples, porém quente — como faz questão de enfatizar — numa época em que o Caminho ainda não era considerado Itinerário Cultural Europeu, nem tampouco contava com o grande número de peregrinos que, nos últimos anos, vinha ao seu país para fazer a peregrinação. Quando o homem descobre que sou brasileira, ele olha diretamente para a lente da minha mais nova filmadora digital e começa a falar como se o próprio Paulo Coelho fosse um dia assistir ao seu depoimento. Chega a ser comovente. Ele parece, depois de duas décadas, ainda nutrir certa esperança de que o escritor reapareceria ali um dia para mais uma refeição simples, porém quente, dois dedos de prosa, além de trazer consigo um exemplar tinindo de *O diário de um mago* autografado e com o nome de Bienbenido na dedicatória, selando assim a longa amizade entre os dois. Tento encerrar minha primeira filmagem com um zoom na igreja, mas depois de apertar o botão, acionando a distância focal máxima da lente, acabo dando um estupendo e trêmulo zoom no avantajado nariz do meu entrevistado. Despeço-me do nostálgico espanhol que me pede, caso cruze com o célebre autor em Copacabana, para mandar lembranças suas a ele. Não tenho coragem de dizer que, embora o autor ainda tenha endereço na Cidade Maravilhosa, ele atualmente mora em Genebra. Alguns metros adiante, eu passo por uma senhora que sacode a cabeça, joga as mãos para cima de forma melodramática e, em tom exasperado, me diz que Bienbenido narra a mesma história todos os dias, há quase vinte anos, a quem quer que por ali passe disposto a dar-lhe dois minutos de seu tempo. Viro-me para fitá-lo uma última vez: o sorriso largo ainda estampado no rosto campesino, o cajado de pau retorcido em punho, as roupas simples e gastas de quem tem poucas posses, a profunda e desconcertante humildade de um homem que se sente agraciado por ter conhecido, em um passado para lá de remoto, alguém que viria a pertencer ao seleto rol das celebridades. Vejo-o iniciar uma nova conversa com dois peregrinos que se aproximam e, quando ele sorri e aponta na minha direção, eu bato em retirada antes que ele possa alimentar a falsa esperança de que acabara de participar do documentário de uma aclamada cineasta amiga íntima do Mago.

À noite, Theresa, a diretora da segunda unidade de filmagem, liga para o celular que eu tinha recebido da produção para me avisar que sua equipe seguiria comigo na manhã seguinte.

12/05 (dia 23)
Rabanal del Camino a El Acebo - 16 km

Encontro com a segunda unidade de filmagem em um albergue logo à entrada do atraente vilarejo de Rabanal onde todos nós havíamos pernoitado. Sou convidada a tomar café da manhã com o pequeno grupo, que divide o estreito espaço onde estão acomodados com cabos, câmeras, cases rígidos, um tripé, um par de rebatedores e uma longa vara de boom, cujo microfone, acoplado em sua extremidade e coberto por um revestimento peludo cinza-azulado, parece mais uma versão inanimada do meu gato persa Mac do que um equipamento tecnológico. Fico sabendo que se trata de uma capa protetora de alta performance contra o vento, projetada para minimizar qualquer ruído de aragem, rajada ou lufada durante a captação do som direto. Penso na minha filmagem com o fundo sonoro do Twister e decido que no meu próximo filme experimental iria usar o meu megapeludo Mac 2007 como protetor de vento para microfone. Peço uma omelete para quebrar o jejum, e me espremo em um dos cantos da mesa, sentindo-me bastante animada diante da perspectiva de minha primeira participação solo no filme. Theresa é uma documentarista de aproximadamente 50 anos, olhos acinzentados, olhar altruísta, cabelos lisos e escuros na altura dos ombros, que se mostra sinceramente entusiasmada com a minha chegada ao filme, com um jeito acolhedor de quem sabe estabelecer um vínculo de confiança com o sujeito documentado. A direção de fotografia está sob a batuta de Josh, um jovem e simpático cineasta, também americano, de olhos verdes vivos, barba aparada com fios ruivos e estilo esportivo. E por fim, Nacho, o técnico de som, um espanhol bonachão de barba e bigode cerrados e longos cabelos negros sob um boné verde estilo militar. As três pessoas que compõem o pequeno núcleo de filmagem me acompanharão pelos próximos dez quilômetros até o vilarejo de Manjarin, onde encontrarão com o motorista da van, que os conduzirá até uma etapa diferente do Caminho para filmar outro peregrino. Saímos um pouco depois das oito da manhã sob uma densa neblina que envolve a erma rua principal de Rabanal, conferindo um ar pictórico aos primeiros minutos de filmagem. Demoro um pouco para me abstrair da presença da câmera que forçosamente desperta em mim uma autoconsciência de atriz no momento em que começo a ser filmada. A contundente percepção de que eu sou uma personagem dentro de um filme, que neste exato momento narra a minha história pessoal, vai aos poucos amainando e, depois de algum tempo, consigo deixar de pensar na atuação e fazer simplesmente aquilo que a cena exige que eu faça: caminhar. A trilha segue por um caminho de terra em aclive intenso, ladeado por uma vegetação rasteira em ambos os lados que, nessa época do ano, obsequia o caminhante com um esplendoroso tapete de relva florido. Coloco um ramo com pequenas flores de cor lilás pálido no meu cabelo bicolor e sigo montanha acima por entre coníferas e carvalhos, contendo o ímpeto de cantar Dó Ré Mi da Noviça Rebelde. Em Foncebadón — que nos anos 90 contava com apenas dois residentes, uma mãe e seu filho, e chegou a ser considerado um vilarejo fantasma — encontro com Rosa e Amália sentadas à mesa externa de um albergue, uma atraente casa de pedra, obviamente renovada, que parece conviver harmoniosamente com as ruínas e vestígios de construções pretéritas ainda visíveis na pequena rua de cascalho. Não tinha notícias delas desde o dia em que haviam me encontrado caída no chão com gosto de óbito na boca. Estão exultantes em saber que eu continuo no Caminho e me contam que vários peregrinos haviam especulado que eu tivesse sido forçada a interromper minha jornada.

Parecem um pouco surpresas com a câmera, que devidamente documenta o nosso encontro, mas não se opõem a participar da filmagem. Despeço-me das duas senhorinhas espanholas e retomo a minha caminhada na trilha de subida alcantilada rumo à famosa *Cruz de Hierro*, um dos monumentos mais antigos e emblemáticos do Caminho. Fincado no cocuruto do Monte Irago, o ponto mais alto do Caminho com 1.504 metros de altitude, está um enorme mastro de carvalho desgastado, coroado por uma singela e emblemática cruz de ferro. Seguindo a tradição medieval, o peregrino deveria trazer de casa uma pedra, que seria carregada durante sua peregrinação e depois depositada na base da cruz, num ato simbólico que representava o peso de seus pecados e a consequente absolvição. No entanto, com o passar das eras e o processo de secularização que redefiniu a conduta religiosa do homem pós-moderno, esta noção originária de se obter o perdão de seus pecados através da simbologia ritualística da pedra acabou inevitavelmente se metamorfoseando e adquirindo novos sentidos. É possível perceber, pelo enorme volume de objetos díspares deixados em meio à montanha de pedras ali — tais quais: fotos, mensagens, artigos de vestuário, bótons, bandeiras, cadeados, rosários, conchas e badulaques —, que para o peregrino atual existem novas abordagens místicas e espirituais para o rito da Cruz de Ferro. Nos dias de hoje, muitos deixam uma pedra ou objeto ali como símbolo daquilo que querem deixar para trás, como uma mágoa, dor emocional, vício ou doença; para alguns, é um pedido de proteção para si ou para entes queridos; para outros, uma maneira de homenagear pessoas que já desencarnaram; e há também aqueles peregrinos que simplesmente colocam uma pedra ali porque desejam simbolicamente deixar um rastro de si no histórico sítio sagrado junto a pedras, pedrinhas e pedregulhos depositados por homens e mulheres desde o século XI. Ao me aproximar do monte, sou de repente engolfada por uma vibração espiritual tão elevada que sinto um formigamento no topo da cabeça e uma mudança sutil no meu próprio campo energético. Subo até a base da cruz, como manda a tradição, para depositar as minhas duas pedrinhas e uma chave. Há na pilha um número incalculável de pedras, cada uma única em seu tamanho, formato e coloração e, a cada passo dado, aumenta a sensação de estranheza que sinto ao forçosamente pisar nas penitências, pecados, orações, tributos e sonhos de milhares de pessoas que ali também se detiveram no rito milenar. O lugar místico, considerado pelos antigos como um ponto mágico entre o céu e a terra, está praticamente vazio e, afora eu e a equipe de filmagem, só há mais uma solitária mulher de meia-idade absorta num momento de profunda introspecção. Eu me agacho e acrescento uma das minhas pedras ao insólito e belo monte. Eu a tinha encontrado no leito do pequeno córrego que corta a propriedade dos meus pais, situada no recôndito da exuberante Mata Atlântica fluminense. A pedra, achatada e de cor escura, é nativa da região onde trinta anos atrás meus pais haviam comprado um pedaço de floresta tropical, com direito a muitas cobras, aranhas, alguns macacos, um casal de bichos-preguiça — segundo o caseiro —, milhares de pássaros e um coral de um milhão de sapos-martelo percussionistas. Era o lugar de maior significado no planeta para eles. Esta pedra representa a minha família, ela é um símbolo do meu amor por eles. Passo o dedo indicador levemente sobre a sua superfície lisa e fria pela última vez e a imagino gradativamente sendo coberta com o passar do tempo, soterrada por milhares de outras pedras provenientes de milhares de outros peregrinos. Assim como na vida, o antigo sendo inexoravelmente substituído pelo novo, o passado abrindo caminho para o futuro, até que a pedra da minha família desapareça por completo, sepultada junto a incontáveis outras pedras amontoadas ali, todas elas símbolos invisíveis de homens e mulheres que não existem mais. Retiro do bolso da calça uma segunda pedra: ela é relativamente menor do que a primeira, de coloração branca leitosa e com formato de coração. Eu a encontrara abandonada no chão do camarim, onde terminava de aplicar os cílios postiços equivocadamente de cabeça para baixo, na noite em que estreava profissionalmente como atriz. Embora não fosse nada supersticiosa, havia atribuído valor simbólico ao delicado fragmento de rocha desde então, e assim, passara a escondê-lo nos bolsos ou forros dos figurinos para me dar sorte, todas as vezes que pisava no palco. Aqui no Caminho, o coração de pedra alva que agora seguro entre os dedos trementes, representa minha paixão pela atuação, uma atividade que estou simbolicamente deixando para trás na Cruz de Ferro. Com uma solenidade exagerada, deposito o meu amuleto na colossal pilha, gesto que me faz lembrar, mais uma vez, de uma das infindáveis citações do genial Nelson Rodrigues, que dizia: "via de regra, cada um de nós morre uma única e escassa vez. Só o ator é reincidente. O ator ou a atriz pode morrer todas as noites e duas vezes aos sábados e domingos". Eu não seria mais reincidente; junto com aquela pedra eu estava enterrando a possibilidade de viver outras vidas dentro do extraordinário ofício do ator. Este pensamento desencadeia em mim um súbito arroubo emotivo que faz o meu corpo sacolejar com a explosão não anunciada de um choro mudo. Olho de esguelha para a equipe, cuja presença eu havia momentaneamente obliterado e, embora constate que a câmera ainda está apontada na minha direção, ela está posicionada a uma distância condizente com a natureza intimista e catártica da cena não ficcional, registrando tudo de forma a interferir o mínimo possível. Por fim, eu tiro do bolso a chave que trouxera. O objeto em questão é uma antiga chave de latão, com a haste longa, a cabeça laboriosamente ornamentada com círculos geométricos e a ponta do palhetão, de design igualmente cinzelado, com formas quadradas. A chave, que pertencera aos meus avós paternos, era usada para abrir a pequena e pesada porta de madeira que levava ao sótão da elegante casa vitoriana construída em 1880 na cidade de Nottingham. Com o passar do tempo ela se tornou prescindível, pois a porta foi substituída por outra, moderna e sem personalidade, e o espaço convertido em quarto de hóspedes. Em 1981, depois de passar um ano morando na Inglaterra com a minha família nessa mesma casa, eu a trouxera de volta comigo ao Brasil, mais de um século depois que ela provavelmente tinha sido forjada. A chave é um objeto imbuído de simbolismo. Sua função prática de trancar e destrancar traz em si, ao mesmo tempo, o símbolo de fechamento e abertura. Se por um lado ela nos permite proteger os nossos bens mais valiosos ou ocultar algo, por outro, ela serve para abrir portas e revelar o que está do outro lado. Assim, desde tempos imemoriais, a chave, um dos símbolos mais universais do mundo, é frequentemente associada à ideia de sabedoria, mistério, iniciação e mudança. Se o instrumento de metal, que posiciono cerimoniosamente em cima das minhas duas pedras, teve como função abrir uma porta física na Inglaterra, na Espanha ela simboliza a transposição de uma porta metafísica. E eu sou a guardiã da única chave capaz de destrancar a porta que conduziria a mim mesma.

13/04 (dia 24)
El Alcebo a Cacabelos - 32 km

Um homem de chapéu de feltro marrom, com abas curtas e copa baixa, puxa uma corda amarrada ao cabresto de um burro, enquanto vai cruzando lentamente o pequeno povoado com suas casinhas de pedra e telhados de ardósia, a maioria delas com amplas sacadas de madeira, primorosamente ornamentadas com flores vermelhas ou rosas. Alcandorada num elevado de 1.150 metros de altitude, a singular vila de montanha estaria imersa no mais absoluto silêncio da aurora flavescente, não fosse o barulho oco e compassado dos cascos do animal contra a pavimentação em pedra. Cumprimento o homem com um aceno de cabeça e ele me retribui o gesto tirando o chapéu com um floreio teatral. Sorrio e pergunto o nome do burro: "Garibaldi", ele me responde dando uma palmada amigável na traseira do seu companheiro de viagem que, parecendo reconhecer o próprio nome, enrola o lábio superior e arreganha os dentes amarelados exibindo um estrambótico sorriso equídeo para mim. A cabeça do simpático burrico está adornada com uma belíssima cabeçada de couro, com apliques dourados e pedraria vermelha na testeira; uma deslumbrante manta, com bordado incrementado, está amarrada ao dorso do animal sob a sela de carga, larga e acolchoada, onde um pequeno cachorro envolto em um xale de lã puído dorme profundamente.

"*Y este es El Cid. Él está enfermo*", revela-me o homem com certo pesar na voz. Fico enternecida com a visão do heteróclito peregrino "sancheano", com seu fiel burrinho e cão adoentado que, não é de se admirar, segue com seu séquito de oito patas na direção leste, sentido contrário a Santiago. A figura maltrapilha diante de mim, que descubro ser espanhol e se chamar Narciso, me conta que tinha passado os últimos dois anos vivendo como andarilho. Havia percorrido diversos países em rotas religiosas pela Europa: Inglaterra, França, Bélgica, Suíça, Itália — onde, segundo ele, tivera permissão para adentrar o Vaticano com Garibaldi para assistir à missa e pedir proteção para a sua jornada —, depois Portugal e agora Espanha, onde caminha na contramão da mais famosa rota de peregrinação até a França novamente, mais precisamente até Le Puy-en-Velay, cidade onde planeja finalmente parar.

"Sempre com os dois animais?" Noto as sandálias de couro gastas que lhe calçam os pés.

"Con Garibaldi sí, mas no con el perrito." Narciso me revela como o animal havia se juntado a ele e ao burro na cidade portuguesa de Valença. O pequeno El Cid estava na beira de uma estrada lamacenta e erma, sozinho na chuva, encharcado até os ossos e tremendo violentamente de frio. Provavelmente fora abandonado por algum bípede irracional, ou quem sabe, apenas nunca tivera a fortuna de conhecer um dono na vida. E assim, apiedando-se do pobre cachorro, o velho decidira trazê-lo consigo em suas andanças e, desde então, são inseparáveis. Sinto uma fisgada no coração e, por um breve segundo, tenho um estranho desejo de seguir com a esdrúxula caravana pela estrada às avessas. É só um pensamento fugaz, desprovido de qualquer coerência lógica, mas Narciso, parecendo decodificar o meu processo mental — embora ele não se dirija diretamente a mim — diz que devemos sempre buscar o próprio caminho.

"Este foi o caminho que eu escolhi. Nunca segui no encalço de ninguém. Um caminho que se toma emprestado é um caminho estéril, um caminho morto". Ele passa a mão espalmada no pescoço do burro e, antes de seguir, me encara fundo nos olhos e me escancara um sorriso com dentes quase tão amarelados quanto os do burro.

"Você encontrará o seu próprio caminho. Vejo que você é uma buscadora, não uma seguidora."

Num gesto impulsivo, enfio a mão no bolso da jaqueta anoraque e retiro a minha pedra branca leitosa em formato de coração, que havia resgatado da Cruz de Ferro no último instante. Escondo-a furtivamente sob o tecido xadrez que cobre o pequeno corpo de El Cid, acomodando-a próximo ao ventre morno do bicho que, embora permaneça imóvel, me fita com os olhos aguados e tristes. A pedra, que simboliza aquilo que eu não tivera a coragem de deixar para trás de forma irrevogável na véspera, agora seguiria na direção certa, percorreria o sentido contrário às minhas elucubrações racionais, perfazendo assim, o caminho de volta ao meu real desejo de não virar as costas para algo que também faz de mim aquilo que eu sou: uma atriz. E eu jamais deixarei de ser isso, mesmo que nunca mais ponha os pés em um palco. Decidi que ser ator é um estado de espírito, parte de quem se é e não do que se faz. Faço uma carícia entre as orelhas do meu cúmplice, El Cid, e com os meus mais sinceros votos de felicidade, desejo a Narciso um caloroso *"Buen Camino"*. A pequena comitiva vai lentamente se distanciando de mim. Há tanta beleza e poesia naquela insólita cena, que decido pegar a filmadora. Pela tela LCD, observo enquanto o andarilho de trajes andrajosos, o burrico adornado, e o montinho de lã que oculta o cachorrinho e o fragmento rochoso da minha essência, vão galgando a ladeira da rua principal de El Acebo. Desta vez, o mesmo barulho oco e compassado dos cascos de Garibaldi contra a pavimentação em pedra é capturado pelo vídeo e, mesmo depois que a pequena comitiva sai de quadro por completo, ainda é possível ouvi-los ecoando pela rua desabitada, alguns segundos ainda, antes de finalmente cessarem de vez. Desligo a câmera e início o meu próprio caminho na direção oposta.

14/05 (dia 25)
Cacabelos a Veja de Valcarce - 23,7 km

Uma pele se desprende de uma bolha no joanete do meu pé direito, fazendo com que o local arda tanto que sou forçada a me dobrar como um tatu-bola para soprar a pequena, porém lesiva vala de carne crua. Mas o gesto infantiloide, salvo lançar germes bucais na ferida, pouco faz para aplacar a ardência que sinto. Os 32 quilômetros da véspera tinham deixado meus pés triturados e minha canela direita voltara a latejar. Tomo um anti-inflamatório e faço um curativo de volume tão agigantado que o pé mal cabe no tênis. Um jovem espanhol, funcionário do albergue, que observa a cena como se estivesse mentalmente simulando a minha ação, aponta para o curativo e pergunta de forma bem-humorada se eu tinha sido atacada por um chupa-cabra. Hilário, este rapaz! Embora reconheça que ele talvez tenha razão, e que um simples *band--aid* daria conta do recado, deixo o albergue com os dedos esmigalhados dentro do calçado só para não ter que dar o braço a torcer e admitir para o mancebo piadista que a bandagem--andaime era um exagero meu. O caminho indicado pelas setas amarelas segue alguns quilômetros por dentro de uma área urbana antes de, mais uma vez, começar a correr por entre campos inteiros dedicados ao plantio de uva, desta vez na região da Galícia, mais conhecida pela produção de seus vinhos brancos. Nas longas fileiras de vinhas, o espetáculo do verde claro e muito vivo dos brotos irrompendo nos galhos marrons evidencia o despertar fenológico da planta, bem diferente das videiras desfolhadas de Rioja que, apenas algumas semanas atrás, ainda pareciam adormecidas, embora já fosse primavera. Passo por um bar apinhado de peregrinos bebendo café, consultando mapas ou apenas conversando entre si e, apesar do lugar parecer bastante convidativo, desejo permanecer sozinha com os meus próprios pensamentos. Uns 300 metros adiante, a estrada de terra batida passa diante de uma horta bem cuidada defronte a uma casinha azul bastante simples, de onde é possível avistar uma placa tosca oferecendo café da manhã, água e frutas. Duas mesinhas com toalhas de plástico xadrez e vasos de centro, com flores recém-colhidas do jardim, estão montadas sob uma frondosa árvore na lateral da casa. Uma senhora visivelmente idosa, com os cabelos brancos e escovados, galochas brancas, vestido e cardigã, ambos azul-bebê, acena para mim a distância. Eu aceno de volta, subitamente tomada por um terrível sentimento de culpa por não parar. Não há absolutamente ninguém ali e não há dúvida de que o estabelecimento abarrotado que cruzara minutos atrás se encarregava de suprir as necessidades fisiológicas — de ingestão ou expulsão — da grande maioria dos peregrinos que passa por ali. Desvio o olhar da frágil senhora e, antes que eu me ofereça para arrendar o seu negócio, aperto o passo à medida que uma garoa fina e gelada começa a cair, salpicando-me o rosto. Assim que contorno uma curva — finalmente blindada contra a visão da anciã de botinhas que me causava tamanho remordimento — sou agraciada pelo segundo arco-íris no Caminho. A aparição do resplandecente e multicolorido arco-celeste desperta em mim um maravilhoso sentimento de contentamento. Duas pessoas jamais verão o mesmo arco-íris, mesmo que estejam lado a lado. Cada um vai sempre enxergar a luz do sol sendo refletida por gotículas de chuva diferentes, já que nenhum par de olhos pode ocupar o mesmo lugar no espaço, ao mesmo tempo. Obviamente os dois arco-íris vistos pelas duas pessoas são análogos, visualmente indistinguíveis, no entanto serão sempre cones de luz distintos, com vértices distintos, cada qual posicionado nos olhos de cada observador. Não é fantástico? Encaro meu arco-íris pessoal como um flagrante sinal de que eu devia voltar. Ao ver-me chegando, a octogenária põe-se de pé e abre um sorriso capaz de derreter até mesmo um coração de aço. Sento-me em uma das mesas e peço um café com leite e torradas com manteiga. Apesar da simplicidade do lugar, tudo é bem cuidado: as flores silvestres esmeradamente arranjadas nos centros de mesa; a xícara de plástico azul combinando com o prato arranhado de cor pariforme; a letra redonda e caprichada no cardápio de cinco itens; as frutas atrofiadas à venda, dispostas em bonitos cestos de vime; os sapatos modestos e gastos enfileirados de forma ordenada na soleira da porta da casa. A senhora retorna alguns minutos depois com o meu desjejum e, depois de me servir com mãos vacilantes, senta-se à mesa ao lado para me observar com um sorriso subserviente no rosto.

"Alguém já parou aqui hoje?", pergunto antevendo a resposta.

"Não, você é a primeira. Ninguém mais para aqui, todos eles param lá no primeiro bar, no novo." Com a mão deformada pela artrose, ela aponta na direção correspondente, aparentemente sem o menor sinal de ressentimento.

Fico tocada ao constatar que a idosa, mesmo afirmando que ninguém mais parava ali, ainda se dava ao trabalho de colocar flores à mesa.

"Pois eu achei a sua casa muito mais simpática e bonita do que o outro bar!" A mulher apenas aquiesce e lança-me um olhar que é um misto de acanhamento e gratidão.

Fico conversando animadamente com ela e bebericando o café já resfriado, enquanto dezenas de peregrinos marcham adiante e acenam da estrada, no entanto ninguém, de fato, para ali para tomar um café ou trocar algumas palavras com a solitária e caprichosa velhinha, que se chama Sagrario. Compro uma banana e uma maçã para levar comigo, além de uma concha de vieira — um dos principais símbolos do Caminho — que prendo na parte superior da minha mochila. Enquanto embalo as frutas, e me preparo para prosseguir, vejo uma figura masculina e longilínea de boné cáqui se aproximando da casa. Sagrario põe-se de pé e saúda o seu segundo cliente do dia com um aceno e o mesmo sorriso abrasador de antes.

"Olá", diz o homem tirando o boné e revelando o rosto atraente e bronzeado. Nossos olhares se cruzam e eu sinto o meu coração disparar de leve.

"Baastian!"

"Sam!" Ele está visivelmente surpreso em me ver.

Sentamo-nos à mesa para conversar e a vetusta senhora traz café e pão com marmelada para o holandês e uma água com gás para mim. Não nos víamos desde Hornillos del Camino, quase duas semanas atrás. A verdade é que eu também estou surpresa. Depois que interrompi minha caminhada por causa da infecção, parei de nutrir qualquer esperança de revê-lo. Sim, ele também havia permanecido alguns dias em Léon sem andar, apenas explorando a bela cidade, mas não fosse por uma entorse no tornozelo esquerdo, nossos caminhos provavelmente não teriam se cruzado. Segundo ele, a lesão causada após uma pisada em falso o tinha obrigado a ficar de molho alguns dias em Astorga com a articulação afetada em repouso. Conto a ele sobre a bactéria, a ida ao hospital de ambulância, a equipe de filmagem e o documentário americano do qual estou participando e ele, por sua vez, escuta atentamente o meu relato, enquanto molha metodicamente o pão no café, deixando restos nojentos de alimento inflado flutuando na bebida.

"Por que você parou aqui e não no primeiro bar?", pergunto, com certa curiosidade, resistindo ao impulso mórbido de olhar para dentro da xícara dele.

"Na verdade, meu plano inicial era continuar mais oito quilômetros e fazer uma parada somente em Villafranca del Bierzo." Ele aponta a cidade vizinha no seu mapa. "Mas, quando passei aqui em frente e vi esta casinha azul, tão singela e acolhedora, no meio de um cenário tão bucólico, achei que seria um lugar agradável para tomar um café. Para ser sincero, também senti um leve desconforto ao perceber como este lugar estava às moscas, comparado com o primeiro bar lá atrás, com gente saindo pelo ladrão. Ela não tem nenhuma chance de manter um negócio aqui, as pessoas só descobrem que isto aqui existe tarde demais."

Olho para Sagrario que, neste momento, se ocupa de arrancar as ervas daninhas que desordenam sua horta.

"Senti a mesma coisa. Vi as duas mesinhas postas, os arranjos de flores, senti o cheiro do café passado, e ela aqui, completamente sozinha, sem nenhum cliente para servir."

Baastian, que também olha na direção da senhora, parece refletir sobre algo pertencente a um mundo ao qual eu não tenho acesso. Ele limpa os farelos de pão da penugem loira que circunda a boca e diz:

"No meu aniversário de 21 anos, eu convidei várias pessoas para comemorar a data comigo num bar e ninguém apareceu."

"Sinto muito ouvir isso, Baastian. Deve ter sido duro para você."

"Isso foi há muitos anos."

"Uma vez eu sonhei que fazia uma festa de aniversário e ninguém aparecia. Foi horrível. Lembro que ficava totalmente traumatizada dentro do sonho. É quase tão angustiante quanto sonhar com perseguição."

"Pelo menos em sonho de perseguição o que está te perseguindo geralmente nunca te alcança."

"Nunca tinha pensado nisso."

"Bom, pelo menos comigo é assim. Eu me lembro da sensação de medo, da angústia de tentar correr e não conseguir sair do lugar, mas nunca de ter sido morto por aquilo que me perseguia. O fim é sempre meio nebuloso."

"E no pesadelo do aniversário?"

"No pesadelo do aniversário é o inverso, praticamente só existe o fim, nada antes. Aquilo que você mais teme no sonho sempre acontece." Mordo a lateral da bochecha, enquanto reflito sobre o que acabara de ouvir sem chegar a conclusão alguma. Há nele uma maneira calma e segura de falar, que parece capaz de conferir autoridade até ao mais desarrazoado comentário.

"E por que ninguém foi ao seu aniversário?" Estico as pernas embaixo da mesa, acertando uma de suas canelas em cheio. "Desculpa." Ele faz um gesto de 'não foi nada' com a mão.

"Eu conhecia um DJ que era sócio proprietário de um bar, meio moderninho, meio underground em Amsterdam, e ele disse que eu poderia comemorar o meu aniversário num dos ambientes menores que ficava no porão da casa, sem ter que pagar pelo espaço, contanto que eu enchesse o bar."

"E você só conseguiu encher a cara!" Rio sozinha da própria piada.

"Algo assim."

"Desculpa, continua." (Sou realmente uma imbecil.) Ele mastiga o último gole do café-papinha antes de prosseguir.

"O espaço tinha capacidade para 28 pessoas e, segundo meu amigo, era ideal para fazer um aniversário mais íntimo. Então eu chamei umas 25 pessoas, falei pessoalmente com aproximadamente metade delas e incumbi alguns amigos de avisar o resto."

"E aí?"

"E aí que eu cheguei antes do horário combinado, todo na beca, blazer emprestado, sapato de camurça azul, gravata de seda estampada, gel no cabelo." Ele faz um gesto com a mão, acima da cabeça, como se estivesse alisando um topete. "Eu sentei no bar com um gim-tônica para esperar os meus ilustres convidados enquanto ficava imaginando todos os possíveis cenários para a grande noite. Você acredita que nem o meu amigo DJ e dono do lugar apareceu por lá?! Fiquei ali no bar tomando *shots* — cortesia da *barwoman*, que estava visivelmente condoída pela minha humilhante situação — e ouvindo a fuderosa *playlist* de *indie--pop*, *hard rock* e *post-grunge*, que eu tinha criado especialmente para a 'festinha'. Às onze e meia, eu me levantei do bar e fui embora completamente bêbado, humilhado e mortificado de vergonha da *barwoman*, que antes de desligar o som, ainda me deu um daqueles tapinhas condescendentes para *losers* nas costas, dizendo que pelo menos agora eu sabia quem eram os meus verdadeiros amigos."

"E ela tinha razão."

"Eu tinha comprado até uma daquelas velas faísca de aniversário, que planejava espetar num pedaço de torta na hora do 'parabéns para mim'." Ele solta uma risada sincera e eu não detecto nenhum sarcasmo amargurado em seu tom de voz.

"E por que você acha que ninguém foi?" Fico tentando entender como um cara carismático como o Baastian tinha sido esnobado pelos seus convidados no dia do seu aniversário.

"Para ser justo, eu não sou muito bom em organizar coisas assim, foi tudo feito de forma muito casual. Além disso, eu estava longe de casa, vivendo havia pouco mais de um ano em Amsterdam, eu não tinha raízes ali e, naquela conjuntura, eu obviamente acabei superestimando a minha relação com as pessoas que, de uma forma ou de outra, faziam parte da minha vida lá."

"E quem eram elas?"

"A maioria delas trabalhava comigo num emprego de merda que eu tinha há alguns meses num Call Center. Convidei também uns caras que malhavam na mesma academia que eu, meia dúzia de alcoólatras com quem eu jogava sinuca no bar que fazia esquina com o quarteirão do meu prédio, e mais um casal esquelético, vizinhos de porta, que tentava me convencer a adotar uma dieta macrobiótica — pelo menos esses aí tiveram a decência de colocar um bilhete em baixo da minha porta para dizer que não iriam porque o cachorro vegano deles estava doente." Ele abre um sorriso tão puro e cândido que tenho vontade de amamentá-lo.

"Você imaginaria que pelo menos os alcoólatras teriam comparecido, já que o evento envolvia um bar", digo, num afã de ser espirituosa.

"Foi exatamente o que eu pensei! Quando comecei a entender que a maioria das pessoas que eu tinha chamado não iria, eu mantive as esperanças até o fim de que pelo menos alguns dos cachaceiros passariam lá para fazer um brinde comigo."

"É porque alcoólatra gosta de frequentar o mesmo bar, sentar no mesmo lugar e pedir a mesma bebida, Baastian. Se você tivesse comemorado o seu aniversário no bar da esquina da sua casa, com certeza eles teriam ido!" Ele dá uma gargalhada bem humorada e coloca uma mecha solta do cabelo para trás da orelha, num gesto que lhe é peculiar.

"Uma experiência dessas é um baque na autoestima de qualquer um."

"Eu superei o trauma, mas confesso que fiquei todo machucado por dentro. Quando cheguei em casa, sentei no chão do banheiro e chorei como um garotinho. Nunca me senti tão sozinho em toda a minha vida."

"Posso imaginar."

"Sabe, alguma coisa mudou dentro de mim naquela noite, Sam." Balanço a cabeça demonstrando que entendo.

Ele solta o ar pelo nariz com um ruído, dá uma cruzada de pernas meio *lady-like* — com a sola e ponta do pé apontados para baixo — e se recolhe para seu mundo interior, o olhar fixo no nada. Um longo e preenchido silêncio se instaura entre nós. Sagrario, depois de certificar-se de que não queríamos mais nada, senta-se num banquinho para debulhar os grãos de meia-dúzia de espigas de milho, um empenho que sinceramente espero — com base na movimentação do bar pela manhã — não seja direcionado para o cardápio noturno. A célebre, porém batida frase de Nietsche me vem à cabeça.

"Sabe, Baastian, é como no velho axioma, aquilo que não te mata, te fortalece." Ele aquiesce com um discreto meneio de cabeça.

"Para ser franco, eu sou grato pela experiência. Aprendi a ser mais autossuficiente e menos emocionalmente dependente dos outros. Se hoje eu tenho poucos amigos, posso dizer que as relações são mais verdadeiras, os vínculos mais profundos. Estou bem mais interessado em conexões de almas." Ele sustenta o olhar no meu e, embora seja intenso, não tem qualquer insinuação sexual.

Um sol débil consegue finalmente perfurar a camada leitosa de nuvens, cintilando as folhas e plantas ainda borrifadas de chuva. A luz pálida que se infiltra por entre os galhos e ramos da nobre árvore que nos cinge parece criar um delicado halo em torno da cabeça de Baastian. Sou tomada por um inexplicável sentimento de compaixão por ele, é como se neste momento eu estivesse sorrindo por dentro, um sorriso tão mastodôntico que faz com que o contorno físico do meu corpo seja empurrado para fora.

"Quem precisa de aniversários, Baastian?"

"Não sei. Talvez as crianças." Ele abre um lindo sorriso para mim.

Despedimo-nos de Sagrario, mas ela faz questão de nos acompanhar até a beira da estrada com seus passos vagarosos. Depois de abraçar o corpinho de passarinho da idosa, cuja estrutura óssea desgastada parece estar se encaminhando para um processo de fossilização, pergunto-lhe se iria fazer um bolo com o milho debulhado.

"Vou sim. Estou completando 83 anos hoje. Se quiserem, podem voltar mais tarde. Vai ter bolo de aniversário!"

15/05 (dia 26)
Veja de Valcarce a Fonfría - 25 km

A vista panorâmica do vale abaixo, finalmente descortinado depois de um longo trecho em aclive sob as copas das árvores, é de tirar o fôlego: literalmente! O alegre chilrear dos pássaros e o mugir de vacas a distância se sobrepõe aos ruídos da nossa própria respiração arfante. Depois de percorrer o tão famigerado e antecipado trecho de doze quilômetros, com sua fatigante subida, chegamos finalmente a Cebreiro, um antigo povoado pitorescamente erguido no alto das montanhas que separam as províncias de León e Galícia, a última região a ser trilhada antes de se chegar a Compostela. Baastian descalça as botas e meias e se recosta na mochila com os olhos cerrados e as pernas estendidas para descansar. Sigo o exemplo, mas mantenho os olhos abertos para desfrutar visualmente da aldeia, cuja atmosfera mística de contos de fadas se deve principalmente às suas curiosas *pallozas*:

casas arredondadas de pedra, com telhados cônicos feitos de palha de centeio, presumidamente de origem celta. A delicada brisa que sopra vai secando lentamente o suor dos meus pés, enquanto o sol tépido que incide sobre o meu corpo faz dele uma massa molemente lânguida. Olho para o holandês, que esboça um sorriso quase imperceptível nos lábios ligeiramente entreabertos, e percebo que ele havia adormecido. Há algo intrinsecamente inocente no sono, uma tocante vulnerabilidade parece se apoderar das pessoas durante este estado de inconsciência, tornando todas elas, indistintamente, crianças enquanto dormem. Não consigo deixar de olhar fixamente para Baastian: os pés descalços tombam pesadamente apontando para fora; os punhos semiabertos estão abandonados na altura do ventre; os pelos dourados nos antebraços oscilam delicadamente com o sopro do vento, fazendo lembrar gramas marinhas balançando no vaivém das correntes oceânicas. De repente, vejo um pequeno inseto rastejar com incrível agilidade sobre sua bochecha esquerda, parando a alguns centímetros da sua narina. O homem permanece inabalável, totalmente alheio ao iminente ataque do bicho que, imóvel, parece estudar a melhor estratégia para a tomada da fossa nasal. Sinto uma enorme vontade de dar um peteleco no invasor, catapultando seu corpinho invertebrado para bem longe dali, mas em vez disso eu apenas aproximo o meu rosto e dou uma soprada certeira em cima dele, um jato de fôlego que o propulsiona como um foguete insetiforme de volta à natureza.

"Oi." Baastian abre os olhos repentinamente, revelando certa surpresa diante da minha proximidade.

Tento explicar sobre o bicho, mas a sequência ininteligível de palavras desconexas que saem dos meus lábios — teimosamente ainda próximos demais dos dele — é incapaz de desfazer a imagem de *stalker* que eu provavelmente tinha transmitido para ele no rescaldo do desajeitado incidente. Eu havia inadvertidamente invadido o seu espaço pessoal, aquela bolha com limites invisíveis que nos circunda e que, sem permissão, jamais deve ser violada. Por insetos, é claro. Penso na minha mãe, cuja transgressão do espaço alheio batia todos os recordes.

Ela trabalhava como secretária bilíngue em um escritório multinacional no centro da cidade. O prédio, uma edificação de evidente caráter modernista, abrigava de órgãos municipais a seguradoras, de corporações transacionais a empresas de fachada, além do Omo, o carismático e albino "profissional liberal" do jogo do bicho, que ocupava um discreto banquinho em uma das inúmeras colunas do pavimento térreo em pilotis. Um verdadeiro contingente de pessoas, entre servidores públicos, juízes, executivos engravatados, psicopatas corporativos, estelionatários, secretárias coquetes, *office-boys* marrentos, putas de luxo, além da minha progenitora, passava por ali diariamente, lotando quase que ininterruptamente os três elevadores que conduziam aos quinze andares do edifício. Na hora do almoço era pior. Subir ou descer implicava ter que revezar com outras dezesseis pessoas espremidas dentro do elevador a reutilização do pouco oxigênio disponível. Uma parte inspirava o ar que era expirado pela outra. Era imprescindível que houvesse uma alternância entre o ciclo respiratório de todos. Não havia ar o suficiente ali para que todos inspirassem ao mesmo tempo. Quando o elevador finalmente chegava ao térreo, a concentração de dióxido de carbono no ar era normalmente tão elevada, que muitos asmáticos preferiam as escadas. Embora o cheiro de alho que às vezes exalava de algum respiro comprometesse ainda mais o ar insalubre que participava na ventilação pulmonar de todos, ele não chegava a ser letal, mas as chances de sobrevivência no advento de um eventual peido eram ínfimas. Certo dia, minha mãe — que aguardava o elevador no oitavo andar — forçou um pouco a barra para conseguir entrar, pois era o segundo ascensor que descia já abarrotado dos andares superiores. Depois de lutar com a alça da bolsa que ficara presa entre as portas e cumprimentar o ascensorista de tez esverdeada, ela se posicionou de lado, da melhor forma que pode, com o nariz encostado na gravata bicolor de um alto executivo de sua firma. Sem ter muito para onde olhar, ela se concentrou no botão do terno do homem, onde de repente avistou um enorme pelo preto. Num impulso, cuja motivação jamais conseguiu ser inteiramente explicada pela psicologia tradicional, ela juntou a ponta do polegar com o indicador e, com toda delicadeza que lhe é inerente, disse:

"Com licença, Seu Otacílio." E removeu o pelo do paletó dele.

"Aaaaaai!", gritou o executivo, estupefato, provocando risadinhas tensas em alguns.

Horrorizada, ela se deu conta, um pouco tarde demais, de que o pelo fugidio ainda estava preso no corpo do dono, e aparentemente tinha apenas escapulido por entre os botões do paletó para tomar um ar (*Oi?*). Com a mesma delicadeza, ela alisou o pelo eriçado de volta e, da melhor maneira que pode, virou-se para a porta para não ter que encarar o homem furibundo. O episódio fez com que minha mãe ganhasse apelidos como "A Depiladora" e "Pelo Menos Ela Tentou" e o tal executivo fosse carinhosamente referido entre os funcionários como o "Pentelho Alheio" e "Fuga do Planeta dos Macacos".

Temendo ser lembrada por Baastian como a "Invasora da Bolha", depois da minha grosseira incursão no seu espaço pessoal, eu giro meu corpo para o lado oposto a ele, com o pretexto de procurar minha garrafa de água.

Um manto de nuvem cinzenta encobre o sol, fazendo com que a temperatura caia vertiginosamente de uma hora para outra.

Diante disso, decidimos encurtar nossa parada de descanso e retomar nossa caminhada. Para minha surpresa, vejo o mesmo inseto de antes intrepidamente agarrado a uma das minhas meias no momento em que vou calçá-la.

"Baastian, olha quem está aqui!"

"Foi disso aí que você me salvou?" Ele ri alto, enquanto amarra o cadarço de uma das botas.

"Nada que consegue sobreviver esse tempo todo na minha meia deve ser subestimado."

Eu sacudo a peça, emplastrada de polvilho antisséptico e suor seco, algumas vezes, com pujança, mas o inseto resiste estoicamente aos meus solavancos. Tento um dos meus violentos sopros na sua cacunda e nada, ele permanece inarredável. Ou morto. Percebendo a minha total inépcia para resolver a situação, o holandês estende o braço, segura o corpo do bicho entre os dedos e, com uma leve puxada, consegue finalmente desgrudar o usurpador da meia. Ele me olha e, de forma brincalhona, simula um sorriso de macheza espúria, como se tivesse acabado de me libertar das garras de um monstruoso inseto mutante. De repente, a nossa proximidade física extrapola todos os limites de uma distância socialmente aceitável. Agora é ele quem invade o meu espaço pessoal. A violação, no entanto, é mais uma vez justificada pela presença supostamente inoportuna do inseto, o cupido exoesquelético que parece empenhado a todo o custo em nos colocar na esfera da distância íntima. As substâncias odoríferas liberadas pelo corpo de Baastian atingem as minhas narinas em cheio: é um cheiro almiscarado de suor masculino, um odor natural impregnado de feromônios, substâncias químicas aromáticas que despertam em mim uma forte atração sexual por ele. Tenho um súbito ímpeto de agarrar sua cabeça com furor entre as mãos e tascar-lhe um beijo, como um louva-a-deus, um predador agressivo que usa as patas dianteiras serrilhadas para dar o bote e capturar a presa que, em menos de um segundo, é vorazmente levada à boca do inseto. Embora o desejo de Baastian também seja eminente, vejo surgir um lampejo de apreensão nos seus lindos olhos cor de avelã. Ele parece pressentir no meu olhar voraz o bizarro comportamento das fêmeas do louva-a-deus que, durante ou após a cópula, arrancam a cabeça do macho e a devoram num ato extremo de canibalismo sexual. Ofereço-lhe o meu sorriso mais doce e, com um olhar lânguido, tranquilizo-o como quem diz que mesmo armando o bote certeiro, uma vez imobilizado, eu não apresentaria nenhum grau de transtorno parafílico. Sem chance. Eu apenas comprimiria a minha boca na dele, nossos lábios molhados roçando e deslizando lentamente até que a minha língua se entrelaçasse na dele, acariciando, chupando, de forma provocante, às vezes doce, vinte e nove músculos em movimento em um beijo demorado e íntimo. Baastian, sem conseguir mais se conter, enlaça a minha cintura com uma força inesperada, enquanto eu seguro os seus cabelos na base da nuca, e puxo o seu rosto em direção ao meu até encontrar os seus lábios, absurdamente macios, e senti-los ávidos pressionando contra os meus. Para meu total espanto, mesmo depois de longos segundos com nossos lábios colados um no outro, não há o menor sinal da língua dele. Fico com a minha por ali, solitária e inerte, enquanto ele fica abrindo e fechando a boca num movimento constante igual a um peixe de aquário. Intrigada, decido explorar sua cavidade oral, estava determinada a desvendar o desconcertante mistério da língua enrustida. Movo minha língua de um lado para outro, mas não há nada ali. Começo a ficar preocupada com a possibilidade de esbarrar com um morcego naquela concavidade úmida e escura. Finalmente, para minha surpresa, a língua dele encosta na minha, pelo visto acidentalmente, pois ela desaparece apressadamente pelo mesmo lugar de onde veio. Tenho vontade de rir. Faz-me lembrar do pânico que se apodera de nós, quando, por exemplo, estamos dentro de um rio de águas turvas, ou no breu absoluto de uma caverna e inadvertidamente esbarramos em algo desconhecido, visguento e asqueroso — no caso aqui, a minha língua — e num reflexo, nos afastamos rapidamente, sentindo asco. Não é a primeira vez que um gringo me concede o beijo "*guppy*". Deve ser algo cultural. Para o brasileiro, adepto do beijo francês, aquele no qual a língua é a protagonista da ação romântica, negá-la seria no mínimo um ato vil e traiçoeiro. Sim, temos maus beijadores nacionais. Já experimentei beijo exame de amídalas, beijo castanhola-dental, beijo bote-do-calango, beijo incontinência de baba, já encarei língua hiperativa, britadeira, de lixa, no entanto geralmente o problema envolve de alguma forma a língua e não a ausência dela. Um pouco constrangidos, nos desvencilhamos um do outro e, em silêncio, seguimos o caminho até o próximo povoado. Melhor assim. Sem química.

16/05 (dia 27)
Fonfría a Samos - 20 km

O cheiro de chuva nunca falha em ativar a minha memória olfativa. É um cheiro de infância. Dizem que o afeto atávico que muitos de nós temos por este aroma é uma herança dos nossos ancestrais, cuja sobrevivência dependia das chuvas. Desde muito cedo aprendi com os adultos a identificar esse cheiro no ar como sendo o prenúncio de aguaceiro. "Vai chover", dizia minha mãe, tirando os lençóis alvos e esturricados de sol do varal. "Vem chuva por aí", dizia meu avô, dilatando sutilmente as narinas, enquanto eu, desconfiada, olhava para o céu azul-claro com umas poucas nuvens translúcidas, procurando evidências que justificassem tal afirmação.

"É, vai cair um toró", penso em voz alta, inspirando a familiar e saudosa fragrância antes de abrir a mochila para pegar minha capa protetora. De fato, algum tempo depois, cai uma pancada de chuva que se infiltra no solo seco, fazendo com que o perfume da terra seja exalado com ainda maior pujança. Escoro uma das mãos numa árvore e me agacho até ficar de cócoras, enquanto a água cai estrepitosamente sobre o meu poncho de plástico, e o cheiro da terra molhada deflagra em mim um torvelinho de emoções pelo mais nostálgico dos sentidos. A memória de um cheiro é puramente emocional. A sensação aromática presente está estritamente conectada à sensação da experiência passada. Sim, o nariz é como uma pequena "máquina do tempo". Um simples cheiro é capaz de evocar a lembrança de situações vivenciadas num passado para lá de longínquo, como este agora, que provoca em mim uma enxurrada de imagens e sensações indelevelmente associadas a ele. Fecho os olhos e abro a boca para sentir a chuva fria escoando para dentro de mim e eu de volta para um tempo perdido.

O picolé de groselha goteja na barra do vestido floral de algodão da menininha, sentada na escada da varanda que circunda o antigo casarão de estilo colonial. Ela observa o aguaceiro escachoante que desaba sobre os pastos e planícies verdejantes da fazenda, com a exaltação de alguém que ainda se espanta com a água que cai do céu; que se admira com as poças e charcos formados nas imperfeições do terreno acidentado; que vê na mistura da água diáfana com a terra vermelha a tentação de criar formas estapafúrdias na massinha de lama; que tem a curiosidade aguçada ao ver, fascinada, uma valente formiga saúva em cima de uma folha, sendo arrastada pela água barrenta no pequeno sulco deixado pela chuva caudalosa. Quando é que deixamos de enxergar o fenômeno e passamos a ver apenas a inconveniência da chuva? Tiro as sandálias dos pés já encharcados, e sigo o caminho sentindo o barro, ainda levemente morno do sol, sendo esmagado e amoldado entre os dedos dos meus pés. Este cheiro característico, conhecido como *petricor*, é um cheiro antigo, íntimo e nostálgico, de quando o meu mundo era um lugar descomplicado. Um aroma terroso que, no meu repertório olfativo pessoal, estará sempre associado à felicidade e à doce saudade de chupar picolé de groselha.

17/05 (dia 28)
Samos a Portomarin - 34,4 km

Embora tivesse falado algumas vezes ao celular com as diretoras do documentário, Lydia e Theresa, eu não vejo a equipe de filmagem há cinco dias. Segundo elas, há pelo menos quatro peregrinos no filme cujas jornadas vêm sendo documentadas desde o início, e assim, eles eram os personagens centrais da narrativa. Como eu havia me juntado à produção num estágio posterior, mais precisamente no meu vigésimo primeiro dia de caminhada, eu seria sempre uma personagem periférica, mesmo que entrasse no corte final, visto que não havia nenhuma sequência de filme comigo durante os primeiros 400 quilômetros do Caminho. Ficara acordado de véspera que Fernando, um cinegrafista independente que estava trabalhando no projeto, iria me encontrar para capturar algumas cenas minhas.

Encontramo-nos na porta do Paloma & Leña, um simpático albergue privado localizado a aproximadamente oito quilômetros do município de Samos, onde eu havia parado para tomar um café e fotografar um galo, cuja plumagem multicolorida e exuberante era a mais espetacular que já tinha visto na espécie *gallus gallus domesticus*. Maravilhada, eu tento enquadrar a ave que, arisca, foge de mim, enquanto vou ajustando o foco da câmera numa tentativa de me adequar ao seu movimento. O resultado é uma desastrada sequência de borrões galináceos. Fernando aparece no exato momento em que eu estou empenhada em atrair o galo com uma adaptação humana do cacarejar de uma galinha. Faço isso em um tom de voz baixo e calmo, absolutamente segura das minhas habilidades fonológicas: craaaaaaaw cruk cruk crawwwww. Ele bate suas asas algumas vezes e, do nada, vem na minha direção. Socorro!

O homem é completamente careca e aparenta ter por volta dos seus trinta anos. Na verdade, ele é desprovido de qualquer pelo, seja nos braços ou pernas, e nem mesmo os fios das sobrancelhas são visíveis sobre os penetrantes olhos cinza-escuros. Ele me lembra o personagem central do filme *Energia pura*, um adolescente albino, apelidado de Pó, que era dotado de poderes sobrenaturais. Descubro que o cinegrafista é argentino, nascido em Buenos Aires e, embora eu o entenda perfeitamente quando fala comigo em sua língua nativa, o seu inglês é bem mais fluente do que minha desavergonhada paródia do espanhol.

Ele segue circunspecto atrás de mim, filmando a uma distância que me permite caminhar de maneira orgânica, sem que a minha vivência da peregrinação seja em momento algum contaminada pela presença da câmera. Caminhamos em silêncio por algum tempo até que, mais uma vez, o foco da minha atenção está totalmente voltado para a minha própria respiração e movimento.

Estou plenamente consciente do ato de caminhar no momento presente, e a minha mente, que não divaga sobre o futuro ou passado, está sublime-mente quieta. Em determinado ponto do trajeto, eu tiro os sapatos e caminho alguns metros por dentro de um pequeno córrego, sentindo o fluxo da água gelada revitalizando os meus pés fatigados. Fernando segue o meu exemplo e submerge de uma só vez os pés no regato. A gelidez da água faz com que ele escancare a boca de forma cômica, como quem recebe um choque elétrico. Sua expressão bufônica faz com que eu caia na gargalhada. Seguimos por um lindo bosque formado principalmente por carvalhos e castanheiras, cujas copas, de ambos os lados da trilha, chegam quase a se tocar, criando desta maneira um belíssimo túnel de árvores. A Galícia é uma região chuvosa, caracterizada pelo verde exuberante e pela paisagem campestre de colinas ondulantes. O percurso sinuoso, cheio de altos e baixos, entrecorta pequenas fazendas, antigas propriedades rurais e pastos viçosos e circunjacentes, de onde os rebanhos leiteiros emanam um potente e perdurável cheiro de estrume fresco que, embora seja desagradável para muitos peregrinos, é um odor natural que, assim como o da chuva, me traz sempre uma sensação de bem-estar. Penso, de forma bem humorada, que talvez pessoas com depressão, antes de valer-se de medicamentos psiquiátricos, poderiam experimentar uma abordagem alternativa da medicina, como por exemplo, a aromaterapia, e tentar a cura através do princípio ativo aromatizante da bosta de vaca.

Logo à entrada do pequeno vilarejo de A Brea cruzamos com o marco de 100 quilômetros. Os últimos. O monumento surge como um velho amigo de pedra que valida os nossos esforços e nos exorta a prosseguir. Com as mãos sobre a pedra fria, penso no forte simbolismo que parece permear todo o Caminho e cuja compreensão nem sempre é óbvia ou universal. Evidentemente, não me refiro aqui aos símbolos amplamente conhecidos, como a vieira, a cabaça ou a cruz de Santiago em forma de espada, mas sim, aos símbolos "naturais" espontaneamente produzidos pela psique individual. Símbolos estes que nos conectam diretamente com a sutil linguagem da alma. É como se no Caminho, formas, cores, cheiros, imagens e objetos adquirissem um valor além do seu significado imediato e manifesto. Como se tudo ao nosso redor fosse potencialmente um símbolo prestes a nos comunicar algo pessoal. Na minha vivência desta jornada, quanto mais eu avançava por estradas compostelanas, mais atenção eu dava à linguagem simbólica daquilo que ia surgindo e mais eu percebia o Caminho de Santiago como uma grande metáfora da própria vida.

Depois de cruzarmos uma ponte elevada sobre as águas da represa de Belesar, nos deparamos com uma íngreme escadaria construída sobre um dos arcos remanescentes da antiga ponte romana-medieval. Para chegarmos a Portomarín, cidade de destino, teríamos que galgar os seus 52 degraus. Quando chegamos ao topo, Fernando e eu nos jogamos no chão de forma melodramática, juntando-nos a outros três peregrinos que, estatelados na pedra fria, bufavam e praguejavam em francês. É curioso notar como, mais cedo, eu havia sentido grande alento ao constatar que estava a 100 quilômetros de Santiago. Dependendo da perspectiva, 100 quilômetros a pé representam uma caminhada consideravelmente longa, mas aqui, esta mesma distância representa a consecução de sete oitavos do Caminho, uma constatação que traz para o peregrino uma sensação de grande conquista. No entanto, ser surpreendido por 52 míseros degraus duzentos metros antes de chegar-se ao destino final é um golpe terrível. A expectativa claramente relativiza a percepção da experiência. Despeço-me do cineasta, que me garante ter capturado belíssimas imagens ao longo do dia e, em tom sincero, diz que foi um enorme prazer acompanhar o meu Caminho.

Decido fechar o longo e exaustivo dia de caminhada com uma meditação. Dirijo-me para o lado de fora do albergue, onde a vista do Rio Miño, com suas águas represadas e serenas, por si só é um convite a uma atitude de aquietação. Sento-me sobre minha minúscula toalha e tento fazer a posição de lótus: tomo o pé direito entre as duas mãos e posiciono o calcanhar gentilmente sobre a virilha esquerda, a sola apontada para cima. Fico alguns segundos nesta posição, absolutamente ciente de que os problemas raramente surgem nesta etapa do posicionamento. Inspiro profundamente trazendo o pé esquerdo na direção da coxa oposta, enquanto os ligamentos dos joelhos vão sendo estirados ao ponto de não retorno. O pé direito começa a escorregar em direção à pelve e, no processo, vai beliscando dolorosamente a pele interna da minha coxa esquerda. Permaneço em posição de *lótis-tórtis* por aproximadamente vinte segundos, fazendo o possível para abstrair o desconforto que sinto, mas por fim, desisto. Chego à conclusão de que a postura é mais adequada para iogues avançados do que eu, que tinha feito uma única aula experimental de *Power Yoga* alguns meses antes. O instrutor, um homem emaciado com o crânio raspado a máquina zero, cujo peso corporal pesava menos do que a minha cabeça, dava instruções aos praticantes para passarem por uma sequência frenética e contínua de posições tortuosas e potencialmente fatais, como a Postura do Cachorro Olhando para Baixo com a Perna Elevada, Postura do Guerreiro III, Postura do Alongamento Intenso e a aparentemente inócua Postura do Gafanhoto, que invalidou a minha lombar ocidental pelos dias subsequentes. Posso dizer, no entanto, que obtivera estrondoso êxito nos momentos finais da aula, quando o instrutor, de alcunha derivada do Sânscrito e de sonoridade imemorizável, nos orientou a assumir a Postura do Cadáver. Demonstrando espantosa agilidade nesta posição, consegui permanecer por muito tempo, imóvel e sem ego, no fedorento tapetinho de yoga da academia, até que finalmente adormeci. Fui acordada por uma faxineira trombuda que passava um pano apressadamente no piso viscoso de secreção sudorípara, enquanto eu, forçada a me mover, me arrastava de quatro para fora da sala na Postura da Lontra.

Com as pernas cruzadas normalmente, eu inspiro mais uma vez, dando início à minha meditação de hoje. Em menos de quarenta segundos, sou acometida por doze focos distintos e simultâneos de coceira aguda nos lugares mais esdrúxulos possíveis. Para agravar a situação, meus olhos começam a se movimentar de forma vigorosa embaixo das pálpebras, rolando involuntariamente de um lado para outro, para cima e para baixo. Para tentar remediar a aflição que isso me causa, amarro a pequena toalha azul em volta deles, vendando-os, algo que ajuda bastante, embora a minha mente, obviamente desesperada por uma nova ocupação, passe agora a dar grande atenção à sensação de formigamento que começo a sentir no pé esquerdo. Depois do que parece ser uma eternidade, consigo finalmente ancorar minha atenção no ato de respirar e, aos poucos, minhas ondas cerebrais começam a diminuir de intensidade, passando do ritmo acelerado de Beta para o tranquilo de Alfa...

Missão cumprida. Dou um longo e profundo bocejo e lentamente desenrolo a toalha da cabeça. Sinto-me plenamente revigorada e penso que, com a minha vocação inata e um pouco de disciplina, poderia facilmente incorporar a meditação no meu dia a dia. Checo o relógio de pulso e constato estupefata que apenas 9 minutos e 37 segundos haviam transcorrido desde o momento em que encontrara a posição certa até o encerramento da minha prática. Bom, já é um começo, certo?

18/05 (dia 29)
Portomarín a Palas de Rei - 24,5 km

Não é necessário que o caminhante percorra todo o Caminho para que ele obtenha a Compostela — certificado que atesta que alguém fez a peregrinação a Santiago. O documento, outorgado pelas autoridades eclesiásticas e emitido em Compostela, é dado a todos aqueles peregrinos que demonstrem, através dos carimbos recebidos na credencial do Peregrino, terem completado pelo menos os últimos 100 quilômetros do Caminho de Santiago a pé ou a cavalo, ou os últimos 200 se o fizerem de bicicleta. Assim, o número de peregrinos aumenta de forma exponencial nas últimas etapas. O fluxo de pessoas marchando rumo a Santiago agora é tão intenso que os trechos mais estreitos acabam ocasionando certo congestionamento humano, com os mais acelerados sendo forçados a esperar por uma oportunidade para ultrapassar os mais lentos, como eu, por exemplo. Decido parar para deixar que todos passem por mim, pois começo a ficar irritada com os bastões alheios que, no meu encalço, vêm golpeando o solo com um ruído metálico que parece me pressionar a andar mais rápido.

Sento-me numa antiga mureta de pedra coberta de musgo, com um pedaço de chocolate na boca. Deixo-o derreter lentamente entre a língua e o céu da boca, a textura cremosa e aveludada vai liberando os sabores em ondas, caramelo de início, seguido por notas de amêndoas torradas, manteiga, e na finalização, um toque de flor de sal. Trinta gramas de puro êxtase. Escrevo a seguinte frase no segundo diário de capa preta que trago comigo:

"O único culpado pela sua infelicidade é você mesmo."

Embora eu acreditasse piamente nesta afirmação, era sempre tão tentador fazer o papel de vítima quando as coisas iam mal e tudo parecia dar certo para as outras pessoas e para você só dava errado. No fundo eu sabia que não havia ninguém fora eu mesma para responsabilizar pela lama mefítica em que havia chafurdado no último ano. Não tem jeito, o mundo de todo mundo desaba de vez em quando, mas você não tem que desabar junto. E se por algum tempo eu desmoronei diante das dificuldades e ser vítima das minhas próprias circunstâncias era a única carta que eu tinha na manga então, agora eu entendo que ficar entregue ao sofrimento é uma escolha — e não uma que eu pretenda fazer. Afinal, quem criava e nutria todo o meu sofrimento psicológico era a minha mente. Eu sou a autora de todos os meus pensamentos, sentimentos e ações e, portanto, só cabe a mim a cura de mim mesma.

Tornar-me uma pessoa melhor foi a questão que inevitavelmente me impeliu a enveredar por um caminho de autoconhecimento, condição *sine qua non* se quisesse transmutar-me numa versão aprimorada de mim mesma. Fica claro que quanto mais eu olho para dentro de mim e observo meus pensamentos, minhas emoções e reações, mais eu percebo o *modus operandi* do meu próprio ego. E, embora haja aqueles que preconizassem a total dissolução do ego como erradicação de todo o sofrimento, eu tenho sérias reservas quanto à efetivação desta noção neste plano físico de existência. Será exequível atuar no mundo sem qualquer resquício de ego? E mesmo que isso seja possível, não é a morte do meu ego aquilo que busco, e sim, alforriar-me de um ego negativo que controla grande parte das minhas ações e reações. Estou ciente de que será um desafio ciclópico obter êxito na sua obliteração e, francamente, não tenho dentro de mim a convicção inabalável de que conseguirei. Afinal, o meu sentido de identidade estava totalmente identificado com esse ego negativo e, portanto, a sua dissolução seria tal qual dissolver-me a mim mesma. Seria cometer suicídio psicológico e aceitar a morte da personalidade que ilusoriamente percebo como sendo eu.

Maio de 2008

Meses antes, eu havia participado de uma jornada xamânica onde fui confrontada com o meu próprio ego. Após ingerir meio copo do visguento e repugnantemente amargo chá de ayahuasca, deito-me sobre um colchonete num dos cantos da sala da fazenda colonial, datada de 1853, para iniciar mais um trabalho de expansão da consciência. Enrolada no meu cobertor felpudo verde-água, eu permaneço imóvel na escuridão, divisando o suave contorno de todas as formas e pessoas presentes, enquanto sinto a minha frequência respiratória gradativamente ir desacelerando e a sonolência pesando-me as pálpebras. O som noturno da natureza é brevemente interceptado pelo estalido de um fósforo sendo riscado para acender o cachimbo sagrado. O tabaco selvagem — considerado pela cultura indígena como uma planta de poder — é puxado pela facilitadora e depois devolvido ao ambiente com um sopro ruidoso. A espessa fumaça de cheiro forte e almiscarado oprime o ar puro da noite rural. A abertura do ritual é marcada por um canto xamânico entoado vigorosamente para evocar os espíritos guardiões e seres de luz, além do som de uma maraca, repetitivo e hipnótico, que reverbera no meu cérebro. A energia do ambiente vai sendo transacionada, de forma quase que palpável, do mundano para o sagrado. A força da planta medicinal, agora intensificada pela vibração do tambor xamânico, vai paulatinamente me arrastando para dentro do vórtice da minha psique. Começo a ter pensamentos críticos, uma incessante voz interior que ressoa na minha mente, evidenciando tudo aquilo que estava me incomodando, ou que me desagradava, ou que estava sendo feito de forma "errada", ou que produzia em mim uma falsa ilusão de superioridade. Eu permaneço ali, totalmente identificada com meus modelos mentais negativos, que, justamente por serem negativos, fazem com que eu comece a experienciar emoções negativas, como uma profunda irritação e um desejo incontrolável de isolamento eremítico. Levemente trôpega, eu atravesso a sala escura enrolada no meu inseparável cobertor, enquanto sons humanos de diferentes naturezas ecoam pelo espaço, sinalizando que a jornada individual de cada um já não se restringia mais a uma percepção do mundo meramente físico. Sento-me num degrau na soleira da porta e olho fixamente para fora. O manto de cerração, úmido e misterioso, granula a paisagem e obstaculiza a minha visão da lua crescente. Gotículas condensadas se formam sobre os meus pés descalços, resfriando ainda mais o meu corpo já arrefecido. Os efeitos da primeira dose de ayahuasca ingerida ainda são percebidos de forma muito branda. Não há em mim qualquer alteração do meu estado de consciência. Pelo contrário, ainda me encontro refém da minha desagradável e corriqueira divagação mental: uma enxurrada de pensamentos inúteis e negativos que fogem totalmente ao meu controle. Tento simplesmente observar cada pensamento que brota, sem uma participação ativa, interpretação ou julgamento, mas é em vão. Minha mente parece incapaz de observar sem a interferência do pensamento. Vou ficando irritada comigo mesma, com a vozinha dentro da minha cabeça, blá, blá, blá, que nunca silencia e que emite sempre os mesmos pensamentos condicionados dos quais eu passara a desgostar profundamente nos últimos tempos. A mente que observa a mente pensante é uma observadora crítica àquela que pensa. É como se uma parte da minha mente estivesse sob o inclemente escrutínio da sua outra parte xifópaga que, no entanto, parece julgar e condenar interiormente exatamente da mesma forma que julga e condena tudo exteriormente. É exaustivo. Tenho vontade de caminhar até a mata e ser permanentemente embrumada pelo denso nevoeiro. Decido tomar mais uma dose da beberagem. Ajoelho-me diante da facilitadora, uma linda mulher de tez clara, olhos castanhos esfíngicos e cabelos escuros levemente riscados por fios prateados, que está sentada sobre uma manta com as pernas cruzadas e as costas eretas como uma régua. Um poncho de lã de lhama, com tonalidades que versam do marrom ao bege, cobre-lhe a maior parte do corpo, e um *amatherentsi* — o tradicional chapéu dos índios Ashaninkas —, feito de palha e enfeitado com três penas de arara vermelha, adorna-lhe a cabeça. Observo-a na penumbra, enquanto ela sopra demoradamente dentro do copo antes de me estender minha segunda dose da infusão amazônica. Ao seu lado, no altar improvisado, o seu marido, também facilitador e igualmente atraente, faz soar uma tigela tibetana: mais um dos vários elementos sincréticos que, ao longo da noite, irão conferir uma singular beleza e universalidade à cerimônia. Arrasto uma almofada de espreguiçadeira branca para o jardim, na fronteira com a mata fechada, e deito-me solitariamente no sereno — talvez na esperança de que um alienígena de raça superior me abduzisse e levasse para outra dimensão. Além do mal-estar crônico que, a essa altura, já está oxidando as minhas vísceras, eu não sinto nenhuma alteração significativa durante os próximos quinze minutos. Assim, sem conseguir entender muito o processo pelo qual estou passando, eu me sento com alguma letargia sobre a espuma plastificada, a corcunda pronunciada igual a um tatu-bola, e peço à Planta Mestra que me revele aquilo que precisa ser trabalhado por mim, aqui e agora. Não sei dizer se alguma forma de energia externa a mim me respondeu, ou se temos, em um nível mais elevado de consciência, todas as respostas dentro de nós mesmos, no entanto imediatamente após este pedido sinto uma violenta contração na musculatura do estômago e um bolo cáustico e espasmódico constringe-me as paredes da faringe. O mal-estar avassalador me faz dobrar ao meio e tombar de joelhos sobre a grama embebida. Tento elevar o torso com a ajuda das mãos espalmadas no tronco colunar de uma gigantesca palmeira-imperial. Uma voz interior sussurra para mim que aquilo que estou observando desde o início da cerimônia, ou seja, o meu incessante fluxo compulsivo e involuntário de pensamentos e, consequentemente, de sentimentos, não é simplesmente o funcionamento da minha mente e sim do meu ego. Subitamente fica claro para mim, ao contrário de experiências anteriores com a ayahuasca, o motivo pelo qual demorei tanto tempo para sentir os efeitos enteógenos da planta. Precisei focar toda a minha atenção, de forma contínua, na porção da minha mente que é absolutamente reativa, cheia de demandas, caprichos e vontades autocentradas, para que conseguisse primeiro ter a capacidade de reconhecer a voz do meu próprio ego, e depois, entender o seu *modus operandi* propriamente dito. Esta constatação empírica da estruturação do meu ego gera uma nova onda de contrações violentas e involuntárias na minha musculatura abdominal. No entanto, como o conteúdo gástrico não encontra a sua expulsão, pelo menos por enquanto, não me resta alternativa a não ser suportar o mal-estar generalizado que se apodera de mim. Estiro-me na relva sem me importar com a fina garoa que começa a cair. Lá dentro, o tambor que agora ganha toques de umbanda induz alguns participantes a acompanhar a hiperatividade rítmica da música com movimentos corporais espiralados e desregrados. Batidas de pés e palmas marcam o compasso musical com crescente fervor, uma dança ancestral de sombras em transe. Finalmente, transcendo o meu estado ordinário de consciência. E com isso, múltiplos ensinamentos da planta professora vão sendo baixados no meu cérebro ao mesmo tempo. Na corredeira de informações extraordinárias, eu tenho a profunda compreensão de que a mente que observava a mente pensante também tinha sido sequestrada pelo ego. Havia presumido, de forma equivocada, que essa presença que testemunhava os meus pensamentos era o meu Eu Superior. No entanto, essa testemunha, que de superior não tinha nada, só tinha interesse em emitir juízos, ora criticando, ora bajulando a voz dentro da minha cabeça. Ela também se identificava com os pensamentos que gerava a respeito da própria mente que observava. Horrorizada, percebo que esta observadora neural que eu havia construído era apenas uma subestrutura da mente egoica em si. Em outras palavras, o ego observador era apenas uma versão menos neurótica e em escala menor do ego em si, justamente o mesmo do qual eu buscava me desencarcerar. A náusea agora é infernal. Sou sacudida por espasmos truculentos, saliva grossa, acrimoniosa, abrasando-me a garganta. É como se eu estivesse envenenada e o meu organismo tentasse a todo o custo ejetar a substância tóxica que me infectava a carne. Caio na posição de quatro, abro a boca, e, num ato extremo de autopreservação, consigo finalmente expulsar todo o conteúdo do meu estômago. Não é apenas um vômito físico, mas também a dolorosa purgação do meu ego. Por um breve instante, é como ele tivesse se desprendido de mim, como se a cola que transformasse dois materiais aderidos em uma unidade tivesse perdido a coesão, provocando assim, a bipartição do objeto.

Inspiro o ar frio da noite, sentindo uma enorme desopressão física e mental.

Ainda sob a força da medicina, eu deito de costas e olho magnetizada para as três imensas palmeiras imperiais que se erguem soberanas acima de mim. As plantas e árvores da mata ao meu redor sussurram entre si, é um murmurejo de folhas e galhos, uma pulsante comunicação vegetal que, embora seja ininteligível enquanto linguagem articulada, eu consigo captar. As nuvens pairantes que desde o início da cerimônia cobriam a totalidade do céu noturno finalmente se abrem numa clareira, revelando incontáveis estrelas e a lua esplendorosa em quarto crescente. É tão curioso perceber como os corpos celestes fulguram acima do tapete nubiloso, totalmente imunes ao tempo fechado que vivenciamos aqui na Terra. E assim é para a maioria de nós que, encobertos por uma perene capa mental egoica, falhamos em reconhecer que o nosso eu verdadeiro está sempre a brilhar dentro de nós. Fico olhando para o firmamento, enquanto as nuvens vão gradativamente se amalgamando até obnubilar a Lua e os planetas luminosos, mergulhando a noite na total escuridão novamente. Esta prosaica demonstração da natureza me faz entender que eu também só tinha conseguido ter um vislumbre fugaz do que seria o meu Eu Superior luminoso. Sem que percebesse, a minha mente havia confortavelmente escorregado de volta para dentro da construção calcificada da minha identidade egoica. E como se ela quisesse ratificar o seu controle sobre mim, eu tenho uma visão do meu "eu inferior", tão real e familiar, se dissolvendo como a espuma de uma onda, algo que provoca em mim uma autocomiseração patética e um sentimento de profunda tristeza. Afinal, eu não conhecia nenhuma realidade de ser que fosse dissociada desta identidade, ou seja, separada dos meus pensamentos, emoções, crenças e memórias de experiências passadas. E mesmo estando consciente de que este sentimento que brota agora é gerado justamente pelo ego — que a todo custo tenta se preservar e proteger contra qualquer ameaça de destruição — eu sucumbo: eu me identifico mais uma vez de forma inelutável com a angústia que sinto. Golpe baixo. Um choro convulsivo acompanha a realidade ilusória da minha dor. A falta de ar me comprime o peito e o choro se transforma em um uivo medonho que ecoa na madrugada da centenária fazenda colonial. Eu acabara de perder a minha primeira batalha consciente com o meu próprio ego.

19/05 (dia 30)
Palas de Rei a Ribadiso da Baixo - 26 km

Um cartaxo-comum (Saxicola rubicola) — pequena ave de cabeça preta, plumagem branca nas laterais do pescoço, dorso e asas acastanhados, e peito laranja-avermelhado — está empoleirado em uma das estacas da cerca de arame farpado. O seu canto de trinado agudo e vibrante enche o ar de música passeriforme e o meu coração de sossego. Logo, ouço um altissonante pipiar em resposta, vindo da folhagem balançante de uma árvore próxima. O pequeno Pavarotti emplumado tamborila de um lado para o outro na superfície de madeira enquanto estufa o peito ruivo e emite um gorjeio tão efusivo que, embora seja inclinada a interpretar tal vociferação como bom estado de ânimo, algo veementemente rejeitado pelos naturalistas, sou levada a crer, em se tratando do reino *animalia*, que tinha acabado de testemunhar o macho da espécie cantando para atrair a fêmea numa exibição de cortejo bem-sucedido. Depois de uma sequência de notas breves e estridentes, o pequeno corpo frágil e aerodinâmico do passarinho alça voo, desaparecendo na parte superior da ramagem da árvore, onde presumidamente o aguardava bom acolhimento. Sempre que observo uma ave voando, fico imaginando como deve ser ter um par de asas planadoras, e poder deslizar numa corrente de vento; sentir a fricção do ar contra o levíssimo corpo de ossos ocos; flutuar livre no céu terrestre azul e incorpóreo. A verdade é que, desde a aurora da civilização, maravilhamo-nos com a venustidade do voo. Desde sempre o homem é obcecado pela ideia de poder voar como os pássaros; a incessante busca pelo inacessível. Aprisionar um animal que expressa o mais elevado grau de liberdade e independência em uma gaiola é uma atitude de profunda falta de consciência. O mais curioso é que aqueles que aprisionam os pássaros são normalmente aqueles que declaram o seu amor por eles. Roubá-los do infindo ar celestial para admirá-los em uma cela exígua, engaiolar o seu canto natural para dispor ao seu bel prazer, ou cortar as penas de suas asas para mantê-los aterrados é qualquer outra coisa, menos amor.

A manhã está fresca e ensolarada e, mais uma vez, eu caminho em terras fecundas de prados verdejantes e bosques sombreados, manifestações divinas da Mãe Terra. Muitas pessoas acreditam que buscar a espiritualidade é estar condicionado a padrões religiosos, é necessariamente ter que trilhar um caminho doutrinário repleno de dogmas. Eu nunca encontrei aquilo que vem do espírito em um templo, religião ou no culto a um Deus. Pessoas de todos os credos, bem como aquelas sem fé alguma, relatam ter tido experiências espirituais do mesmo tipo. Para a neurociência, tudo é mediado e criado pelo cérebro. Assim, com esta premissa, a neuroteologia, ou neurociência espiritual, busca compreender a biologia da experiência religiosa. Identificar um circuito espiritual no cérebro é uma abordagem que muitos veem com enorme desconfiança, dada a natureza subjetiva dos fenômenos religiosos ou espirituais, além do fato de que provar que certa atividade neural ocorre durante tais experiências não quer dizer que elas sejam necessariamente apenas ilusões neurológicas. Embora essa argumentação seja contundente, o fato é que não se pode contestar que processos neuropsicológicos específicos são desencadeados por todas as pessoas quando elas se conectam com aquilo que percebem como sendo sagrado ou divino. Nas religiões abraâmicas-monoteístas, o divino pode se chamar Deus, Alá, Jeová; nas politeístas, como no hinduísmo, as múltiplas divindades são percebidas como Brama, Shiva, Ganesha etc.; para tradições filosóficas e contemplativas, tal qual o budismo, a lei sagrada do Dharma; e para os ateus, o universo e a natureza como formas de se buscar uma espiritualidade sem que haja vínculo algum com doutrinas ou práticas religiosas. Ser espiritual não é privilégio daqueles que acreditam em deuses, espíritos, entidades sobrenaturais ou reencarnação. A minha relação com o sagrado se dá através da natureza. É nela que encontro uma conexão com um poder superior. É no mundo natural que sou capaz de transcender o meu sentido de eu individualizado para vivenciar um sentido de unicidade e interconectividade com o cosmos. É como disse Van Gogh, embora fosse profundamente religioso: "Quando tenho uma terrível necessidade de — devo dizer a palavra — religião. Então eu saio e pinto as estrelas". A natureza me traz um sentido de enlevo, uma percepção de estar frente a frente com algo incomensuravelmente mais vasto do que eu mesma. A majestosa e equânime Cordilheira dos Andes me propiciou verdadeiras lições de humildade. Contemplar a extensa cadeia montanhosa, com seus picos nevados, em meio ao inclemente ar rarefeito, provocou em mim um silêncio introspectivo e reverenciador. A sua grandiosidade e indiferença me apequenou, alquebrou em mim qualquer vestígio de arrogância humana. Outro entorno natural que me trouxe similar experiência, foi o inóspito e marciano Vale da Morte. A árida depressão na Califórnia, fustigada por ventos salinos e atormentada por extremos climáticos, apresenta em sua formação rochas pré-cambrianas de até 1,7 bilhões de anos. A espetacular paisagem desértica, inexoravelmente alterada pelas diferentes eras geológicas e lentamente esculpida pelos elementos, me trouxe a percepção da completa irrelevância da espécie humana diante da evolução cósmica. Ali, no brutal isolamento daquele cenário apocalíptico, eu senti todo o meu senso de autoimportância se desmanchar nas rajadas de vento. Ali, eu era apenas um grão de areia na infinitude do universo. Atentar para a singela arquitetura de uma flor, ouvir o suave farfalhar das folhas ao vento, contemplar a fulgência da Via Láctea em um céu livre de poluição luminosa, ou simplesmente apreciar o incandescente sol poente afundando no mar, são pequenas ações, dádivas da natureza, que me libertam da clausura insular e restritiva da minha hiper-racionalidade diária, aguçando meus sentidos e me inundando de paz interior.

    Se uma caminhada em um espaço urbano é capaz de melhorar o estado de espírito de alguém, caminhar em um cenário verde tem o poder de cura. Um mês no Caminho teve um profundo impacto na minha saúde mental. O vigor físico das longas caminhadas diárias e o contato com a natureza presente em muitas das etapas parecem ter conseguido eliminar toda a toxicidade de emoções e pensamentos negativos que fizeram com que eu experienciasse tamanho desequilíbrio energético em meu organismo. E esse bem-estar duradouro me parece bem mais natural do que o estresse, a angústia, ansiedade, insegurança, medo, irritabilidade, frustração, cansaço e depressão, que tantos de nós vivenciamos como sendo o nosso estado permanente de ser.

Em menos de 48 horas, eu terei chegado a Santiago de Compostela e, de repente, caminhar livremente, com algumas poucas mudas de roupas e parcos pertences — nem pente eu tenho — havia se tornado não só um estilo de vida mas também tinha me possibilitado experimentar um novo estado de ser. Se um mês atrás, eu não me sentia pronta para dar o primeiro passo nesta jornada, um mês depois, eu me sinto menos pronta ainda para dar o meu último.

20/05 (dia 31)
Ribadiso de Baixo a Pedrouzo - 22 km

O adorável albergue em Ribadiso de Baixo, que no século XV abrigou um hospital para peregrinos, é um pequeno aglomerado de construções em pedra. No ponto idílico, situado em uma das margens do Rio Iso, se estende um acolhedor tapete de grama verde, onde um enorme salgueiro-chorão, melancólico e solitário, parece vigiar o pacato flúmen como uma diligente sentinela, conferindo ainda maior bucolismo ao local.

Não são nem seis e meia da manhã e, embora o céu claro e levemente difuso prenuncie mais um dia ensolarado, a temperatura a essa hora ainda não torna supérfluo o uso de um agasalho. Visto a jaqueta e saio com o meu desjejum — café preto e uma espécie de pão doce sem recheio — para tomar na beira do rio antes de partir. Um lance de escada com quatro degraus de pedra leva até a água. Sento-me no último, de pernas cruzadas, e mergulho a mão para sentir a temperatura. Embora esse contato seja deliciosamente revigorante para os dedos, suspeito que correria o risco de sofrer um choque térmico se tentasse, por exemplo, submergir o braço até a altura do cotovelo. Retiro a mão da água rapidamente e envolvo-a em torno da caneca de metal aquecida pelo café. A ação em si é absolutamente corriqueira, no entanto me proporciona um verdadeiro deleitamento. O estado crônico de distração mental em que vivemos nos torna incapazes de perceber o valor que existe nas coisas singelas da vida. O corpo físico está em um lugar, enquanto a mente divaga em outro. Essa desconexão pode ser tão brutal que me lembro, em mais de uma ocasião, de sentir fome pelo simples fato de que não tinha recordação alguma de já ter comido. Numa dessas vezes, tinha chegado a ponto de preparar um colossal sanduíche de atum, com direito a tomate, rúcula e cebola roxa, e só depois de dar a primeira dentada, ávida e sem classe, ter a lembrança de que já tinha almoçado na rua algumas horas antes. O curioso é que assim que me dei conta disso, perdi a fome por completo e a comida diante de mim, todo o seu apelo gastronômico.

Olho para o pão que estou segurando na mão e decido focar plenamente a minha atenção no ato de comê-lo. Vou mastigando o alimento lenta e prazerosamente, enquanto a sonoridade da água do rio ajuda a me ancorar no momento presente. Desfruto de cada dentada, sempre atenta para não ser gravitacionalmente puxada para dentro do meu buraco negro mental. De repente, pelo canto do olho, percebo uma leve movimentação. Alguns metros à minha esquerda, rente à margem, eu vejo a cabeça de uma mulher, com touca de natação verde-escuro, boiando para fora da água. A cena é no mínimo esdrúxula, visto que neste trecho o leito do rio não deve ter mais do que 70 centímetros de profundidade. O seu corpo está estendido na direção do fluxo d'água e as mãos afundadas, indubitavelmente incumbidas de mantê-la submergida em águas tão rasas, parecem estar segurando as raízes das plantas aquáticas que ali proliferam. Com os olhos fechados e o rosto levemente inclinado para o céu, ela parece totalmente alheia à minha presença na escada. Fico observando a nadadora de poça durante alguns minutos, intrigada, até que ela finalmente abre os olhos e se levanta com admirável agilidade. Os ossos do quadril e das costelas salientados no maiô preto enfatizavam ainda mais a estrutura assombrosamente magra da mulher. A pele muito branca do corpo, já destituída da elasticidade típica da juventude e inteiramente arrepiada por causa da água fria, apresenta um aspecto rugoso de pele de ganso depenado. Agora, em posição vertical, é possível ter a dimensão da fundura do rio na parte onde ela tinha acabado de se banhar: o nível da água bate um palmo acima dos seus joelhos. Tenho vontade de perguntar se ela quer que eu jogue uma boia. A última vez em que minha cabeça estivera comprimida dentro de uma touca de natação foi em Alba, cidade no norte da Itália, onde estava passando uns meses na casa de uma amiga.

Como a exorbitância de carboidratos ingeridos está começando a provocar um calo crônico no meu abdômen, decido tomar alguma providência antes que seja forçada a ter que levantar a barriga para conseguir lavar a dita cuja no banho.

Descubro uma luxuosa academia a apenas quinhentos metros de onde estou hospedada e em cujas instalações há uma belíssima piscina. Assim, uma vez matriculada, resolvo fazer uma aula experimental de hidroginástica. Pego emprestado um *sunquíni* desbotado e esgarçado da minha amiga que, morando numa região onde a temperatura é baixa na maior parte do ano, não tem muita coisa na linha praiana para oferecer. Quando chego para a aula, sou obrigada a colocar uma touquinha de látex rosa que me aperta as têmporas, além de um par de óculos de natação que me deixa estrábica e com as bochechas grotescamente infladas. Olho para o meu reflexo no espelho do vestuário e a similaridade com um baiacu é tão alarmante que chego a cogitar desistir da hidroginástica e, quem sabe, apelar para uma aula de *Spinning* ou qualquer outra modalidade de exercício de alta intensidade que não me faça exibir o *physique du rôle* de um peixe-balão. Penso em como o primeiro programa da minha irmã com o marido italiano fora justamente de *sunquíni* e touquinha numa piscina. Sim, um acessório aparentemente inócuo, mas que, se você estiver um pouco acima do peso, faz com que a sua cabeça espremida dentro da borracha fique minúscula e você fique parecida com a famosa figura do Abaporu de Tarsila do Amaral. Meu cunhado, obviamente imune à poluição visual dela, se apaixonou pelo que ela tinha por dentro, e assim, inspirada pela história de sucesso da minha irmã, eu sigo com passos firmes até a piscina, de touquinha rosa e *sunquíni* sem elástico, absolutamente confiante da minha beleza interior. Sinto-me tão empoderada que começo a fantasiar que estou prestes a encontrar a minha alma gêmea ali mesmo na hidroginástica, alguém que também conseguiria enxergar o meu valor por detrás da minha protuberância estomacal e o embaraçoso "look piscina". Mas infelizmente o meu sentimento de empoderamento dura pouco. O tempo que tinha despendido embasbacada diante do espelho, analisando a minha semelhança com um baiacu, havia feito com que eu perdesse o começo da aula. Estou atrasada e todos já estão dentro da piscina comprometidos com movimentos aeróbicos bastante sérios. Penduro o roupão em um gancho na parede enquanto todos me observam e eu tento ignorar o fato de que distraidamente vestira a calcinha do sunquíni do lado avesso. Entendo agora perfeitamente como Carrie, a estranha, se sentiu quando chegou ao baile de formatura. Há catorze pessoas na piscina. Todas mulheres, é claro. Completamente vesga por detrás dos óculos de natação, tento achar um lugar dentro da água que esteja livre de outro ser humano saltitante, pois a última coisa que preciso para não chamar mais atenção é pular inadvertidamente na cabeça de alguém. A professora brada comandos em italiano para incentivar a galera, enquanto uma música bate-estaca-tosca é tocada em decibéis capazes de causar sérios danos auditivos ao indivíduo. De fora da piscina, ela nos mostra os movimentos, ao mesmo tempo em que grita histericamente: *"Punta! Punta! Punta!"*. E eu, visivelmente fora de forma, percebo, não sem horror, que toda vez que eu tento a tal *"punta"*, o meu *sunquíni*, ou desce até o tornozelo, me deixando totalmente nua, ou crava dolorosamente na minha região anal. No vigésimo *"punta"* que ela vocifera, eu penso: *puntaquiupariuuu* que roubada! Para piorar a situação, a piscina, que fica no subsolo da academia, é toda ladeada de vidro no andar superior, de onde de um café as pessoas podem assistir à aula. Eu pulo igual a uma louca, engulo água, seguro o *sunquíni* e ainda tento olhar para cima para constatar se a minha humilhação conta com espectadores. Há quatro pessoas sentadas em mesas distintas bebendo café. Todos homens, é claro. Caraca, essas meninas do nado sincronizado acabam de virar as minhas mais novas heroínas! Quando saio da piscina, quarenta minutos depois, meu cabelo está duro que nem um pau, meu ouvido esquerdo está completamente entupido e o *sunquíni* molhado, agora do tamanho de uma tenda de circo, tem que ser segurado pelas laterais, enquanto tento chegar até o meu roupão com a pouca dignidade que me resta. Uma leve dor de cabeça e duas depressões largas e escarlates no alto das bochechas, que mais parecem cicatrizes, me acompanham na saída da academia. Como se o traje de banho sabotador não tivesse sido o suficiente para tornar minha experiência *fitness* dramática, a touca e os óculos de natação, acessórios que pegara emprestado para fazer a aula, eram na verdade infantis. Os de adulto — como me esclarece uma mulher macérrima, com touca de silicone *high-tech* e cabeça proporcional ao resto do corpo — ficam na prateleira de cima, na caixa azul. Puntaquiupariu!

"Não está muito fria?", pergunto em voz bem alta à mulher, que continua plantada no rio completamente absorta no próprio mundo.

Ela finalmente se vira e olha na minha direção, com enormes olhos castanhos levemente afundados no rosto angular, e um sorriso amigável nos lábios finos e arroxeados. Retribuo o sorriso e aceno-lhe com a mão livre. Ainda sem responder à minha pergunta, ela caminha pela água até a escada onde estou sentada.

"Desculpa, não consegui ouvir o que disse." O tom dela é amável e o sotaque distinto denuncia que sua língua materna não é o inglês.

"Perguntei se a água não está muito fria."

"Nem um pouco. Na verdade está bastante agradável." Ela tira cuidadosamente a touca de silicone da cabeça, revelando uma magnífica e farta cabeleira branca que lhe cobre os ombros e desce até quase a linha da cintura. Uma força magnética parece emanar da sua figura descarnada e sacerdotal.

"Estou acostumada a fazer imersão em água gelada. Às vezes em temperaturas bem abaixo de 0°C. A temperatura desta água aqui deve estar em torno de 17 a 18°C", ela diz, correndo a mão pelos braços molhados para se secar.

Afundo a mão na água mais uma vez para verificar a temperatura. Realmente ela me parecia bem mais amena do que da primeira vez que a tinha sentido.

"Demorei a perceber que tinha alguém flutuando no rio." Ela solta um risinho diante do meu comentário.

"Sou apaixonada por flutuação. Boiar para esvaziar a mente." Vai prendendo o cabelo meticulosamente em um coque no alto da cabeça. "Sabia que o simples ato de flutuar ajuda a relaxar o sistema nervoso e reduz os efeitos negativos do estresse no corpo?"

"Posso imaginar. Realmente a sensação de não gravidade, de não sentir o peso do próprio corpo é bastante relaxante."

"Por que não entra? Vai se sentir incrível."

"Está muito fria." Ela sorri, aparentemente entretida com a minha afirmação.

"Fria?! Onde eu moro tem um lago que congela todos os anos no inverno. Quando a superfície solidifica, nós cortamos um enorme buraco no gelo para que as pessoas possam mergulhar."

"Nossa, fico arrepiada só de imaginar. De onde você é?"

"Da Finlândia. E você?"

"Brasil."

"Você deveria experimentar... Qual é o seu nome?"

"Sam."

"Então, Sam, se você nunca teve a oportunidade de mergulhar no gelo, não sabe o que está perdendo. Nada me faz sentir tão viva."

"E o seu nome é?"

"Maija."

"Maija, deve ser extremamente revigorante mesmo. O meu maior empecilho para conseguir vivenciar essa experiência é conseguir justamente achar um lago congelado. Eu sou do Rio de Janeiro e a temperatura média do nosso inverno é de 21°C. Quando bate 17°C é comum vermos pessoas nas ruas usando botas, echarpes e até gorrinho."

Para a finlandesa, essa afirmação é claramente uma das coisas mais engraçadas que já ouviu, pois ela se contorce numa risada que dura quase um minuto e meio. Eu rio junto em solidariedade, embora secretamente ache mais engraçado pensar em alguém nadando no gelo como uma foca-da-groenlândia.

Finalmente, o riso se estanca e ela se abaixa para pegar suas roupas, que se encontram discretamente dobradas na pequena faixa de areia, à esquerda do pequeno lance de escadas. Por cima da roupa de banho, ela veste uma calça-bermuda cáqui, um *fleece* vermelho, e calça as papetes apoiando alternadamente os pés no degrau de pedra. A sua indumentária confirma a minha suspeita de que também era uma peregrina. Retornamos ao albergue com certa celeridade para pegarmos nossas mochilas, pois o sol, que se torna cada vez mais quente, dá claro indício de que é melhor partirmos o quanto antes. Embora não tivéssemos verbalizado uma intenção propriamente dita, há uma patente vontade mútua entre nós de caminharmos juntas, e assim, um pouco depois das oito da manhã, deixamos o albergue naturalmente uma na companhia da outra. Fazia cinco dias que caminhava sozinha, mais precisamente desde O Cebreiro — etapa que Baastian e eu havíamos percorrido juntos — então é bom ter alguém com quem caminhar para variar. Como logo fica evidente, Maija e eu andamos com a mesma cadência, algo bem mais raro de se observar no Caminho do que eu supunha antes de iniciar a peregrinação. Uma coisa é caminhar com alguém por uma hora em um parque urbano, outra é manter-se no mesmo ritmo de outra pessoa por oito horas. O descompasso na cadência da caminhada entre os peregrinos é algo que acaba sendo observado mais como norma do que exceção nas longas distâncias que percorremos diariamente.

Maija tem 65 anos, embora aparente ter menos, mesmo com todos os fios de cabelo na cabeça apresentando uma notável brancura. Ela é uma dessas pessoas positivamente desconcertantes. O seu olhar forte e sincero perscruta o interlocutor sem complacência ou indulgência, sua fala é transparente, incapaz de subterfúgios, tudo nela, gestos, trejeitos e risada, é flagrantemente autêntico. É como se ela não tivesse tempo para perder com lubrificações sociais de qualquer tipo. Maija me conta que alguns meses antes havia perdido seu maior companheiro dos últimos quinze anos, o Jake, um cão Finlandês da Lapônia que, segundo ela, tinha sido seu maior aliado na superação do período mais doloroso de sua vida: a morte prematura do marido Albert há quinze anos. Com os olhos ligeiramente úmidos de uma emoção que brota de um lugar ainda claramente espinhoso, ela me mostra uma foto do animal que carrega consigo no bolso da calça. A dupla pelagem de Jake, típica dos cães nórdicos, apresentava subpelo fino e denso, e o pelo exterior longo, áspero e armado. De cor predominantemente preta, com algumas marcações castanhas no pescoço e peito, o cão exibe uma exuberante juba, além de dois anéis de coloração mais clara ao redor dos olhos escuros, dando lhe a impressão de estar de óculos. Como fui criada com animais de estimação a vida inteira, eu sintonizo instantaneamente com a sua dor. Maija me conta que nunca conseguira engravidar — fato que a devastou no começo, mas que aprendeu a aceitar. No decorrer dos anos, encontrou na grande afeição que sempre teve pelos animais uma forma de preencher o vazio que sentia por não poder gerar uma criança. Diversos bichos de estimação, entre cães, gatos, coelhos, hamsters e até uma chinchila, passaram pela casa do lago do casal nos mais de vinte anos em que foram casados. No Natal, o último dia que passaram juntos, o marido havia lhe presenteado com o incrivelmente felpudo Jake, ainda um filhote de apenas quatro meses.

Com uma enorme fita vermelha em volta do pescoço, o cachorro estava dormindo profundamente dentro de uma caixa, em meio aos diversos presentes dispostos sob a árvore de Natal. Ela me conta que, ao entrar na sala, não o viu inicialmente, apenas quando se abaixou para adicionar mais um embrulho à árvore foi que percebeu que o volume escurecido e inidentificável dentro da caixa era na verdade um cãozinho. Sentindo-se eufórica, ela imediatamente aninhou a bola peluda nos braços e, ao virar-se, deu de cara com o marido que, radiante de felicidade, assistia à sua reação do vão da porta. Naquela mesma noite Albert estaria morto. Silenciosa e sorrateira como um ladrão, a morte chegou e roubou-lhe a vida aos 52 anos de idade. Ataque cardíaco fulminante. Na manhã seguinte, Maija encontrou o marido já sem vida ao seu lado. Segundo ela, não havia nenhum sinal de angústia ou sofrimento no semblante do único homem que amou. Ele parecia inexplicavelmente tranquilo e sereno.

"A morte repentina é algo absolutamente brutal, Sam. A dor é lancinante, é como jogar sal numa ferida aberta e esfregar vigorosamente com uma escova de aço. Você não tem tempo de se digladiar com a ideia de que essa pessoa não vai mais existir na sua vida. Até a morte precisa ser elaborada e isso leva tempo. Quando eu finalmente compreendi que meu marido nunca mais iria acordar, eu o abracei e deitei minha cabeça sobre o seu peito ainda ligeiramente morno. Eu ansiava mais do que tudo poder ouvir o seu coração batendo ali dentro, mas só o que ouvia era uma quietação enervante. É engraçado como mesmo sabendo que a consciência dele não estava mais ali e que o seu corpo morto nada mais era do que um invólucro vazio, eu não conseguia me separar daquela matéria inanimada. Queria prolongar o máximo possível o meu tempo com todas as singularidades, imperfeições, dobras, pelos e cheiro daquele corpo físico que conhecia melhor do que o meu próprio." Ela ri como se refletisse sobre o absurdo daquela declaração.

"Sinto muito, Maija, nunca perdi alguém tão próximo de mim assim. A morte não anunciada deve ser algo realmente difícil de aceitar."

"No começo é, sim. Afinal, aceitar a transitoriedade e impermanência da condição humana simplesmente não faz parte da nossa mentalidade ocidental. Eu não estava preparada. Durante os dias que se seguiram à morte do Albert, eu experimentei um estado de choque, irrealidade e negação, tudo ao mesmo tempo, tinha vontade de arrancar os cabelos da cabeça aos tufos e gritar impropérios a qualquer um que perguntasse como eu estava me sentindo. O luto é um processo complexo. Depois de lidar com os aspectos práticos da morte, eu entrei em um estado de torpor e, por um tempo, me desconectei totalmente da realidade."

"Com certeza, esse entorpecimento é um mecanismo de defesa contra o estresse que um evento tão traumático assim deve gerar."

"E é. Eu simplesmente não conseguia lidar com toda aquela tristeza, fiquei emocionalmente cataléptica. Mas como tudo na vida é passageiro, um dia eu acordei e percebi que só existia uma saída para toda aquela angústia..."

"A aceitação."

"A aceitação. Só podemos lutar pela vida e nunca contra a morte. E então, eu comecei a lutar para ter a minha de volta."

"Quanto tempo depois?"

"Diria que a intensidade da dor começou a diminuir depois de quase seis meses de luto. E foi durante esse período de reestruturação mental que passei a notar que o Jake gostava de ocupar os mesmos lugares que o Albert ocupava quando estava em casa, como sua poltrona preferida, por exemplo, onde passava horas a fio lendo; o mesmo lado do sofá de onde meu marido assistia TV; a mesma cadeira em que se sentava à mesa para fazer as refeições. Havia outras cinco cadeiras vazias ali, mas não tinha jeito, toda a vez que eu me sentava para comer, o Jake pulava justamente na que tinha sido a de Albert. Eu sei que parece besteira..."

"Não, de modo algum!"

"Havia essas peculiaridades no comportamento do Jake, como dormir no chão do meu quarto, sempre do mesmo lado da cama onde o meu marido dormia; ter adoração por cenoura crua, da mesma forma que o Albert, que estava sempre mordiscando uma, pois dizia que fortalecia os dentes. Pequenas coisas." Ela balança a cabeça. Respira fundo. "Não sei explicar."

"Só porque algo não pode ser explicado, não quer dizer que não possa ser sentido."

"Sim, sim. Se o Albert ainda estivesse vivo, provavelmente as idiossincrasias do Jake teriam passado despercebidas, no entanto, com a sua morte e a ressignificação da perda, elas acabaram ganhando um novo sentido para mim... Sei que isso vai soar ridículo, mas eu comecei a sentir a presença do Albert no Jake. As pessoas me diziam que isso era um produto do meu cérebro, imaginação excessiva, exaustão emocional causada pela morte iminente, apego, não importa, o que importa é que essa 'sensação de presença' me trouxe grande conforto. Era como se o Albert, de alguma forma, ainda estivesse ali comigo. Sabe, Sam, só posso dizer que tive uma profunda conexão espiritual com aquele cachorro." Por alguns segundos, seus lábios levemente trêmulos denunciam a dor, ainda não superada, da perda recente do animal. Porém o sentimento de tristeza é rapidamente rechaçado e substituído por um sorriso radiante que ilumina seu rosto inteiro.

"E é por isso estou aqui hoje: para honrar o incrível laço de amor que tive com esses dois seres incríveis e únicos, de cujas vidas eu tive a grande fortuna de ter feito parte."

"Isso merece um brinde, Maija. O vinho hoje à noite é por minha conta!"

"Combinado! Mas só se você me prometer que não vai usar roupas de esquimó quando a temperatura cair mais tarde."

"Mas a previsão é de 15 °C para hoje à noite. Não posso pelo menos levar meu saco de dormir para jogar sobre os ombros?"

"Não!"

"Ok, mas então você vai ter que prometer que não vai de touca de natação para não ficar tentada a se refrescar no chafariz da cidade." Ela solta uma deliciosa risada e eu rio junto em solidariedade, embora secretamente sentisse uma vontade enorme de desoprimir todas as lágrimas que não verti durante o seu sensível relato e que continuavam presas dentro de mim, em algum lugar.

21/05 (dia 32)
Pedrouzo a Santiago de Compostela - 20 km

Não há nenhum outro ser humano ali. Todos já partiram, dando início ao fim. A esmagadora maioria das pessoas costuma sair no escuro para completar a derradeira etapa do Caminho. A motivação por detrás desta tradição é conseguir chegar a Santiago de Compostela a tempo de assistir a Missa dos Peregrinos, celebrada diariamente ao meio-dia na catedral homônima. Maija e eu havíamos decidido que percorreríamos os últimos vinte quilômetros sozinhas. Ambas queríamos terminar da mesma maneira que começamos. Havíamos nos despedido na véspera com um forte abraço e um *Buen Camino* sussurrado na penumbra do dormitório pela última vez. Sinto uma pontada de tristeza ao ver os lençóis amarfanhados na cama que ela ocupara na noite anterior. É o meu trigésimo segundo dia caminhando e às 8:37, precisamente, eu dou o primeiro passo do epílogo da minha jornada, sem saber dar nome a essa sensação de estranheza que me aliena de mim mesma. Dezenas de pessoas caminham à minha frente numa longa e silenciosa fila indiana. O número de peregrinos no asfalto que leva até o Monte do Gozo é tão grande que começo a temer que precise de uma senha para conseguir entrar na cidade. Passo por uma placa onde alguém havia rabiscado a palavra "quase" logo acima da seta amarela. Provavelmente algum peregrino buscando estimular os mais cansados na reta final de um esforço tão meritório. Ao passarem diante dela, três peregrinos espanhóis, visivelmente encorajados pela palavra de incentivo, repetem-na entre si numa comemoração espalhafatosa. Sim, *quase* lá, eu penso. Na minha expectativa do fim, havia pressuposto que sentiria cada parte do meu ser se regozijando com a aproximação da minha conquista; cada célula um fogo de artifício pronto para riscar o Campo de Estrelas com minha vitória iminente. Mas, estranhamente, eu não sinto nada disso.

    Finalmente chego ao Monte do Gozo, uma elevação cujo nome se dá justamente pelo sentimento de alegria que os peregrinos sentem ao avistarem pela primeira vez as espirais de sua meta: a Catedral de Santiago de Compostela. Olho para a cidade no horizonte — procurando abstrair o fato de que o lugar à minha volta, repleto de pessoas e quiosques de comida, está mais para ponto turístico do que místico — e tento me preparar mentalmente para completar os cinco quilômetros que me separam do gozo final. Sim, ainda tenho a esperança de que este embotamento mental se dissipe em algum momento. Ligo para Lydia, como combinado, e ela me diz que a equipe de filmagem está em Santiago, onde tinham acabado de filmar a chegada de um dos peregrinos no filme. Ela me pede para que eu fique a postos e espere por eles ali, no Monte do Gozo, pois queria tomar um último depoimento meu antes que eu seguisse para o meu destino final. Depois de algum tempo, o pessoal do documentário chega e logo começa a filmar uma entrevista comigo. A diretora quer saber o que estou sentindo com a proximidade do fim. O que estou sentindo? Nada. Ou melhor, sinto o meu cérebro turvo, como se minha caixa craniana estivesse tomada por cimento líquido. Não digo isso, é claro. É mais apropriado falar em ambivalência. Não quero desapontá-los. Ou talvez não queira desapontar a mim mesma. Talvez tenha criado uma expectativa irreal de um *happy ending* para a minha jornada, como se esperasse ter uma epifania — uma certeza interior que faria com que eu soubesse exatamente que rumo tomar na vida quando chegasse a Santiago de Compostela. Mas que falácia! Pelo visto o final da minha jornada seria igual ao daqueles filmes cujo desfecho abrupto e sem sentido deixa o espectador em estado de perplexidade, balançando a cabeça em descrença, enquanto os créditos rolam na tela e as luzes da sala de cinema se acendem. Num segundo momento, Lydia quer saber se eu pretendo chegar a Santiago de alguma maneira específica. Não entendo bem a pergunta. Ela fala em ritual. Não havia pensado nisso. Inesperadamente me vem à cabeça a lembrança de uma menina de dez anos, que tinha sido minha aluna de teatro na Escola Britânica. Quando disse à turma que poderiam tirar os sapatos para sentirem o contato dos pés com o chão, ela saiu correndo desembestada pelo salão com os tênis na mão gritando: *I'm free, I'm free*! Tinha sido curioso observar como uma ação tão banal havia se configurado para ela como uma transgressão à norma, algo que fez com que experimentasse uma sensação pueril de liberdade. O Caminho também havia me proporcionado uma irreprimível sensação de liberdade. Há algo extremamente libertador em se colocar uma mochila nas costas com apenas o essencial para sobreviver e seguir caminhando cada dia exatamente no ritmo que você quer, sem nenhum compromisso, sem ter que dar satisfação a ninguém, apenas vivendo a vida de uma maneira simples e espontânea. Mas com certeza nada tinha sido mais libertador para mim do que um milhão de passos para a libertação de um estado mental de tormenta. E mesmo que essa libertação seja efêmera — afinal a vida é um jogo incerto e imprevisível — pelo menos agora eu sei que o poder de cura para a superação de qualquer dor, custe o que custar, estará sempre dentro de mim.

 A depressão não havia se instaurado em mim, assim, de um dia para o outro. Ela foi o resultado de um processo gradual, que foi sendo alimentado por ninguém a não ser eu mesma. A forma como passei a enxergar a minha realidade foi o que deu corpo e vida própria a um monstro interno que acabou assumindo o controle da minha vida. Por pouco tempo, é verdade, mas tempo o suficiente para me deixar em alerta máximo. E se eu tinha a capacidade de criá-lo, também tinha o poder de erradicá-lo. Para mim não há o dilema de quem apareceu primeiro, se o ovo ou a galinha. Parece-me impossível ter-se depressão sem a presença de pensamentos depressivos. Nunca conheci alguém deprimido que acalentasse pensamentos de alegria e otimismo, embora muitos defendam que é a depressão em si que cria uma visão pessimista do mundo. A crença de que a depressão é causada por um desequilíbrio químico no cérebro é tão arraigada nas nossas sociedades que questionar essa teoria é quase um sacrilégio. Como é amplamente difundido pela indústria farmacêutica, mídia e psiquiatria moderna, tais problemas meramente biológicos acontecendo no cérebro de pessoas deprimidas podem ser "corrigidos" por medicamentos — da mesma maneira que um diabético toma remédio para corrigir os níveis de açúcar no sangue. Essa visão enviesada parece descartar fatores psicossociais ou qualquer outra causa subjacente do problema, além de ignorar a correlação entre o transtorno e os padrões negativos de pensamento do indivíduo. No meu caso — já que só posso atestar aquilo que se passa dentro de mim — a enxurrada constante de pensamentos negativos, automáticos e imperantes, de fracasso e insucesso, me levou a experienciar emoções analogamente negativas, que por sua vez geraram mais pensamentos negativos, até que esse *looping* contínuo de negativismo evoluiu para um quadro de depressão aguda. Num primeiro momento, ouvir do psiquiatra que alguma coisa estava faltando no meu cérebro foi um bálsamo para a minha desesperança. Algo a mais para alimentar minha virulenta autopiedade e validar minha mentalidade de vítima. Obrigada, Doutor! Esse prognóstico me isentava de qualquer responsabilidade sobre o meu processo mental e comportamento: uma pílula me "consertaria" bioquimicamente e, mais cedo do que tarde, eu voltaria a reconhecer a metade cheia do copo. Só que agora, ao fazer uma autorreflexão sobre o que se deu comigo, percebo que não era uma baixa produção de serotonina no meu cérebro a causa para todo o meu sofrimento, e sim onde eu tinha escolhido focar a minha atenção, mesmo que de forma inconsciente. E embora o aumento dos níveis de neurotransmissores, como a dopamina e a serotonina, liberados pelo meu cérebro durante as vigorosas caminhadas tenha sido um eficaz aliado no meu combate à doença, silenciar a voz negativa na minha mente tinha sido cabal para suplantar esse sentimento de infelicidade anômalo que me devastava.

É isso! Talvez o propósito do Caminho não seja essencialmente a obtenção de revelações cósmicas ou epifanias no final. Percebo agora — por mais clichê que isso possa soar — que o importante não é a chegada e sim a jornada que me levou até ela.

"Vou chegar a Santiago descalça", digo à equipe, subitamente sentindo aquele estranho desejo de ingerir algo gelado e cítrico, como picolé de limão. A diretora sorri, um pouco surpresa diante da minha afirmação.

"E em que momento você vai tirar os sapatos?"

"Ainda não sei. Mas eu saberei o momento certo."

Sigo caminhando em zona urbana, enquanto a equipe de filmagem, de dentro de um furgão, acompanha os meus passos na reta final do Caminho. Ligo meu iPod aleatoriamente pela última vez nessa jornada e a música que toca é: "I can see clearly now", cantada pelo Johnny Nash.

> *I can see clearly now the rain is gone/ I can see all obstacles in my way/ Gone are the dark clouds that had me blind/ It's gonna be a bright (bright)/ bright (bright) sunshine day/ Oh yes, I can make it now the pain is gone/ All of the bad feelings have disappeared/ Here is the rainbow I've been praying for/ It's gonna be a bright (bright)/ bright (bright) sunshine day*

Consigo ver claramente agora que a chuva se foi/ Consigo ver todos os obstáculos em meu caminho/ As nuvens negras que me cegavam foram embora/ Será um dia de sol brilhante (brilhante)/ um dia de sol brilhante (brilhante)/ Ah sim, vou conseguir ir em frente agora que a dor se foi/ Todos os sentimentos ruins desapareceram/ Aqui está o arco-íris pelo qual tanto rezei/ Será um dia de sol brilhante (brilhante)/ um dia de sol brilhante (brilhante)

Embalada pela música, vou acelerando os passos da minha caminhada, cada vez mais determinada a chegar. Ziguezagueio por avenidas e ruas, atravesso cruzamentos, alguns carros buzinam saudando-me com efusivo alarde, enquanto vários transeuntes, com largos sorrisos estampados nos rostos, me felicitam pela minha "quase" conquista. Estes pequenos gestos de acolhimento vão fazendo com que eu me torne cada vez mais consciente da minha proeza. Finalmente chego à parte histórica da cidade, cujas ruas estreitas para pedestres, apinhadas de turistas e lojas de suvenires, parecem me arremessar para dentro de um caleidoscópio. A equipe — que agora me segue a pé — corre à minha frente com a câmera, o *boom* e um rebatedor. Isso chama bastante atenção e todos se viram curiosos para ver quem é a maltrapilha que tem sua chegada sob os holofotes. Por alguns instantes, isso me distrai e sou incapaz de verdadeiramente assimilar o que está acontecendo. Imediatamente após dobrar a esquina de uma ruela, vejo as magníficas espirais da catedral perfurando o céu azul por cima dos prédios e construções que me impediam de apreciá-la por inteiro. Observá-las assim, tão próximas, sem, no entanto, conseguir ver a edificação que as suporta é no mínimo uma provocação. É como se eu conseguisse enxergar o fim um breve instante antes de ser o fim. Sem titubear, eu tiro os sapatos ali mesmo, sabendo que é chegado o momento de sentir o contato dos pés com as pedras da calçada que me conduzirá até a catedral. À minha direita, vejo um gigantesco cata-vento colorido sendo vendido em uma das incontáveis lojinhas para turistas. Num impulso, eu entro descalça no estabelecimento, com os meus pés calejados de peregrina atraindo alguns olhares alheios. Compro o maior modelo disponível e prontamente afixo-o à minha mochila. O ritmo acelerado da minha caminhada faz com que o enorme cata-vento de cores vibrantes comece a girar. Finalmente a apatia que narcotizava o meu espírito se dissipa. Sinto a vida pulsando. Eu sou o cata-vento. Uma falange de emoções multicoloridas, propulsionadas pela força de um torvelinho interno, giram livremente dentro de mim, se emaranhando, se fundindo, até que não há mais cor ou forma definida, há apenas a percepção de um sentimento de euforia, célere e giratório, que me deixa levemente azonzada. Um homem toca música celta-galega numa gaita de fole, embaixo do arco que dá entrada à famosa Praça do Obradoiro. A trilha sonora não podia ser mais propícia para o momento em que consigo finalmente ver, em meio a outras construções emblemáticas que ladeiam a praça, a magnânima catedral de Santiago de Compostela. Erguido numa mistura de estilos, que vão do românico, ao gótico e ao barroco, o esplendoroso e imponente templo católico diante de mim seguramente está entre as mais magníficas construções arquitetônicas da humanidade. Eu inclino a cabeça para trás e olho para cima, tentando assimilar a monumentalidade da catedral, com suas paredes maciças, gigantescas torres quadrantes, os ricos e ostensivos detalhes da fachada principal, marcada por arcos, nichos e balaustradas adornadas com estátuas de figuras bíblicas e cabeças de anjos esculpidas em pedra. De repente, escuto alguém chamando meu nome. No meio da praça, eu vejo Amelia, uma jovem americana que conhecera nas primeiras etapas do Caminho, correndo na minha direção com os braços estendidos para o alto. Eu sigo o exemplo e corro até ela. Ao perceber que estou descalça, ela chuta os próprios sapatos no ar de forma dramática, antes de me alcançar e me envolver num caloroso abraço.

"Conseguimos, Sam! Nós conseguimos!" Finalmente compreendo que havia cruzado a linha de chegada de uma grande prova.

"Sim, nós conseguimos, Amelia", murmuro baixinho, sem conseguir mais conter o choro da emoção que sinto.

Aos poucos vou identificando os rostos familiares de várias pessoas que perdera de vista durante as diversas etapas do Caminho. Uma a uma, elas se aproximam de mim e me congratulam de forma efusiva. Entre elas estão Ingo e Beno, o adorável casal de alemães que se diz muito feliz por ter testemunhado a minha conquista. Haviam presumido, assim como outros ali, que eu estivesse fora do páreo depois que souberam da minha hospitalização. Depois que chegam a Santiago, muitos peregrinos passam os dias subsequentes socializando na praça com outros peregrinos ou apenas observando a chegada de inúmeros conhecidos e desconhecidos que também obtiveram êxito em sua jornada peregrinativa. É o compartilhamento de um sentimento mútuo de autorrealização, somente passível de pleno entendimento por aqueles que passaram pela experiência de perfazer o Caminho. O casal me conta que Ivone, a dinamarquesa meteórica que tinha iniciado a jornada no mesmo dia que eu, e que já tinha chegado a Santiago há dois dias, passava a maior parte do tempo sentada na praça, esperando que eu chegasse a qualquer momento. Segundo eles, embora Ivone pretendesse estender sua peregrinação em mais noventa quilômetros até Finisterra, ela precisava ter a certeza, antes de partir, de que eu também tinha conseguido completar o meu Caminho. Fico extremamente tocada com essa informação. Olho ao redor da praça, mas não a vejo em parte alguma.

Inspiro longamente e finalmente tiro a mochila das costas. No segundo em que ela toca o chão, sinto uma forte náusea golpear a boca do meu estômago. Conheço muito bem este sintoma. Será que a bactéria nociva ainda vive em mim? Mas como isso é possível? Afinal, eu não tinha gozado de perfeita saúde nos últimos quatorze dias? Um arrepio corre pela minha espinha. Preciso urgentemente encontrar um hotel. Despeço-me de todos apressadamente — prometo encontrar com a equipe do filme mais tarde para um jantar comemorativo — e sigo por uma ruela adjacente à praça principal. Logo encontro um hotel que, embora modesto e pouco atraente, é a única opção que eu posso me dar neste momento de profundo mal-estar físico. Para meu total desânimo, o quarto, além de minúsculo, também é úmido e cheira a mofo. Penso em como havia iniciado a minha viagem em um quarto igualmente bolorento em Madri. Havia planejado pernoitar em um hotel quatro estrelas quando chegasse a Santiago, mas sem forças para sair em buscar de um, teria que me contentar em passar a noite em um hotel fuleiro, sem estrela alguma. Vomito algo acrimonioso no vaso sanitário antes de entrar no claustrofóbico box, com rejuntes encardidos e restos de sabão acumulado nos azulejos rosas. Como é de se esperar, a pressão da água que sai do chuveiro é fraca e a temperatura apenas morna. Não enxugo o corpo, pois manter-me de pé não é mais uma tarefa exequível. Enfio-me nua debaixo de dois cobertores, o corpo chacoalhando incontrolavelmente com os calafrios que não deixam dúvida que estou ardendo em febre. Com enorme desalento, constato que o que sinto agora é aquilo que nunca curei. O microrganismo continua alojado em algum nicho do meu corpo, mais virulento do que nunca. A única explicação que consigo dar para isso é que, movida por um ardente desejo de chegar a Santiago — determinação essa que até então eu nem sabia que possuía — eu havia usado o poder da mente, tal qual um efeito placebo, para me imunizar temporariamente contra os efeitos da afecção que me acometia. Tinha conseguido criar uma situação de saúde perfeita por exatos trezentos e dez quilômetros, mas no momento em que minha meta foi cumprida, a trégua concedida pela moléstia foi quebrada. E agora ela me ataca de maneira voraz, cobrando as últimas duas semanas, em que eu, o placebo, havia "interrompido" a sua manifestação. Vomito mais uma vez e apago a luz.

    O médico me lança um olhar cético quando lhe digo que viera caminhando desde León até Santiago, supostamente com alguma infecção. Diz que é realmente espantoso que alguém tenha conseguido andar mais de trezentos quilômetros com um intestino — ele enfatiza apontando com uma caneta para a minha radiografia abdominal — deste tamanho! Olho para a imagem temendo encontrar um corpo estranho de suposta origem alienígena no meu intestino, porém para meu alívio não consigo detectar nada que me pareça não pertencer ali. Segundo o médico, um homem com os cabelos negros meticulosamente repartidos para o lado e emplastrados de gomalina, o meu intestino delgado — como eu podia ver nitidamente na radiografia (?) — severamente espessado, além do estômago, que também apresentava sinais de inflamação, eram indicativos de gastroenterite, muito provavelmente causada pelo consumo de água contaminada. Depois de quase quatro horas, entre os exames, físico e de sangue, raios-X e a agoniante espera pelos resultados, sou comunicada de que iriam me internar para administração de soro intravenoso. Devidamente envelopada numa atraente camisola para paciente, eu sigo o enfermeiro até o leito hospitalar, onde pela segunda vez sou conectada por uma veia a uma bolsa de solução salina. Em pouco tempo, o conforto da cama e a hidratação do soro conseguem aliviar, respectivamente, o cansaço e a náusea que tinham voltado ao meu corpo. Quando uma enfermeira vem colocar a pulseira de identificação no meu pulso, ela se depara com a anterior, encardida e com falhas na numeração, embora meu nome ainda esteja legível. Sorrio e peço a ela que não a retire. Ela aquiesce e fixa a pulseira de identificação nova no meu outro pulso. Antes de sair, ela puxa a cortina divisória, encerrando-me num aconchegante cubículo uterino. Eu adormeço quase instantaneamente.

EPÍLOGO

Chego ao Cabo Finisterra, uma península rochosa que se projeta de forma dramática sobre o encrespado e trovejante Oceano Atlântico. Com apenas três quilômetros de comprimento e seu ponto mais alto a duzentos e trinta e oito metros acima do nível do mar, essa faixa de terra, marcada por penhascos e mistérios mitológicos, foi considerada pelos antigos como o lugar onde a Terra acabava e o oceano começava. Durante séculos, o cabo era o fim do mundo conhecido, a fronteira do desconhecido. Um belíssimo farol com torre octangular, construído em 1853 na ponta do promontório, orienta as embarcações numa das costas mais perigosas do mundo. A incidência de naufrágios trágicos em suas águas levou à denominação da região de Costa da Morte. O cheiro de maresia que se infiltra pelas minhas narinas, e o céu e o mar que se fundem em um só imenso horizonte azul me fazem lembrar o Rio de Janeiro, cidade que nunca foi rio, assim como Finisterra nunca foi o fim do mundo. Sem uma única nuvem à vista no céu, o sol vai lentamente perfazendo o seu caminho em direção ao oeste, com a promessa de mais um belo espetáculo em sua gloriosa trajetória poente. Eu tinha atravessado um país inteiro, seguindo diariamente na mesma direção, assim, nada poderia ser mais oportuno como desfecho simbólico do que ver o sol se pondo pela última vez desta emblemática península, onde o mar interrompe a terra e o meu caminhar.

Aproximo-me de um marco de pedra com o símbolo da vieira e, logo abaixo, 0,00 K.M. Fico sem entender. Sempre presumira que o quilômetro zero do Caminho fosse em Santiago, não só pelo posicionamento da Arquidiocese de Santiago de Compostela, que reconhece a cidade homônima como sendo o fim da peregrinação Jacobina, mas também no que diz respeito à sua quilometragem, embora, a bem da verdade, não tivesse visto nenhuma indicação para tal em Santiago. Percebo agora, enquanto o vento forte sopra os meus cabelos em furiosa desordem, o quanto eu precisava ver este número. Depois de tanto tempo passando por placas e marcos com números indicativos de uma contagem quilométrica, lenta e decrescente, me parece quase insano partir sem ver a representação numérica do fim, o signo do vazio.

Alguns metros adiante, eu passo pelo farol, que se encontra fechado, e sigo em ligeiro declive até chegar a um platô, onde uma parafernália sem fim de objetos se encontra amarrada a uma torre de rádio, ou simplesmente amontoada em sua base, fazendo com que sua estrutura metálica pareça uma estrambólica árvore de natal futurista. Como atualmente é terminantemente proibido reproduzir ali a tradição ancestral de se queimar peças de roupas e calçados usados durante o Caminho como um símbolo de renovação física e espiritual, por motivos óbvios — afinal, rito de purificação e combustão de material sintético não faria o menor sentido — os peregrinos haviam claramente encontrado na torre uma ressignificação para o ritual do fogo. Entre a multiplicidade de objetos ali, há cajados, botas, meias, chapéus, joelheiras, uísque e cigarros, entre outros. Olho para a pulseira de identificação colocada no meu pulso no hospital de León. Tento arrancá-la, mas não consigo, nem mesmo com os dentes. Vejo um homem sentado na pedra limpando as unhas com um canivete suíço. Dirijo-me a ele e peço que corte a pulseira para mim, torcendo para que a sujeira removida de suas unhas, e certamente ainda acumulada no aço, não resvalasse na minha pele durante o talho. Para minha sorte, ele limpa a lâmina na barra da calça antes de proceder, deixando um traçado gomoso no tecido. Procuro um lugar com pouco vento, o mais distante possível de outros seres humanos, e dou início ao meu ritual proibido. Sim, embora a pulseira seja confeccionada em PVC, e nada denominado Policloreto de Vinil deva, respeitando-se o bom senso, ser incinerado, o seu tamanho é tão irrisório que depois de muita ponderação parcial e autoindulgente, chego à conclusão de que a flatulência de alguns peregrinos tinha contribuído mais para o aquecimento global do que as substâncias tóxicas que seriam liberadas com a queima da minha identificação hospitalar. Acendo o isqueiro e ateio fogo à pulseira sobre a pedra. A chama vai lambendo o afilado e circular plástico branco, sem pressa: começa da direita para esquerda, chamuscando primeiramente o código de barras e, em seguida, o meu nome. Samantha Gilbert vai desaparecendo de forma tão lenta e acurada que tenho a sensação de que a flama é um efeito magistralmente criado por computação gráfica. Para os peregrinos primigênios — antes dos romanos e cristãos — a antiga rota de peregrinação a Finisterra era uma trajetória terrestre equivalente ao percurso do Sol, que diariamente segue do Oriente para o Ocidente, "inexplicavelmente" se afogando no mar e voltando a nascer no dia seguinte. Nas crenças e ritos pagãos, o renascer do Sol era algo estreitamente ligado com o renascer da vida. Assim, queimar-se algo usado durante a peregrinação era não só um rito simbólico de purificação, mas também representava o rompimento com a vida velha e o renascimento para uma nova vida. E é exatamente o sentido de renascimento aquilo que busco com o meu pequeno rito. No momento que decidi embarcar nesta jornada, havia um manifesto desejo meu de iniciar um novo ciclo de vida; de fazer uma transição de um estado de ser para outro. E queimar uma pulseira de doente com o meu nome é para mim um poderoso símbolo desta passagem. As cinzas do meu ato, do meu finado eu, são carregadas pelo vento em todas as direções. Sim, tal como a fênix, eu também renascerei das minhas próprias cinzas, penso, raspando a sola do tênis sobre um filete de resíduo enegrecido pela combustão que ficara incrustrado na pedra.

Desço um pouco mais a encosta e sento numa convidativa pedra à beira do penhasco, um anfiteatro natural onde dezenas de outras pessoas já se encontram acomodadas para assistir ao espetáculo prestes a ser encenado pelo brilhante astro-rei. Numa breve, porém arrebatadora apresentação, ele finalmente beija o Atlântico e morre no mar, arrastando consigo para sempre o dia de hoje. Cai o pano da noite. Eu dou meia-volta e serenamente recomeço o caminho de volta para a minha vida sob uma imensa abóbada de estrelas.

Este livro foi composto em Century 11/16,5
e impresso em papel Offset 75 g/m2 na Gráfica Paym